視

野

寶鼎出版

視

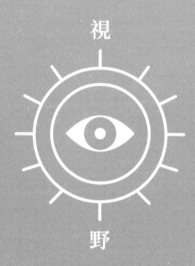

野

寶鼎出版

GARY WHITE AND MATT DAMON
蓋瑞‧懷特、麥特‧戴蒙

水的價值

THE WORTH OF
WATER

OUR STORY OF CHASING SOLUTIONS TO THE WORLD'S
GREATEST CHALLENGE

為世上最艱鉅的水資源挑戰尋覓解方

溫力秦—譯

國外好評

「我十分幸運自己當時就在現場,見證了一位熱衷於全球發展事務的演員和一名對水資源及衛生議題有多年經驗的工程師之間,那有如命運般的初次會面。如今,這對看似不可能的搭檔以安全的用水和衛生設施,協助改善了數百萬人的生活。麥特和蓋瑞有清晰的願景、聰明的策略,對人類同胞充滿信心,這些就是他們的途徑所憑藉的根基。《水的價值》讀來不但振奮人心,著墨重要議題,亦是令你獲益匪淺之作。」
——美國前總統比爾·柯林頓(Bill Clinton)

「《水的價值》強烈證明人人有能力克服自身困境。蓋瑞·懷特和麥特·戴蒙以及他們所領導的組織 Water.org 已經證明,一小筆貸款就能為貧困的家庭和社區發揮改造效果。這本書述說了一個賦權和改變的故事,最重要的是,這也是一個充滿希望的故事。」——2006年諾貝爾和平獎得主穆罕默德·尤努斯(Muhammad Yunus)

「本書讀來引人入勝，指明了全球無法取得用水的人們難以自主的最重大因素，就是他們需要有改造自己的機會，進而徹底改善自己的生活。」——科斯拉風險投資公司（Khosla Ventures）創辦人暨昇陽科技（Sun Microsystems）共同創辦人維諾德‧柯斯拉（Vinod Khosla）

「健康的人類、健康的企業、健康的社會，全都始於可隨時取得乾淨的用水，要達成此目標就必須動員所有人，從執行長、政府官員到老百姓，做好自己本分並通力合作。Water.org 的創辦人麥特‧戴蒙和蓋瑞‧懷特一直在前方指引道路，現在我們有幸看到他們一路走來的故事。《水的價值》就和兩位作者一樣充滿洞見，處處可見溫馨與幽默，樂觀看待人類造就全球性改變的能力。」——百事可樂前董事長暨執行長盧英德（Indra Nooyi）

「蓋瑞・懷特和麥特・戴蒙協助開發了數十年來最具開創性的一個構想，那就是貧民有能力終結水資源危機，而且已經證實有效。從《水的價值》一書可以清楚看到，解決方案必須以有需求的人為中心的理由。」——世界經濟論壇執行董事長暨施瓦布社會企業家基金會（Schwab Foundation for Social Entrepreneurship）共同創辦人克勞斯・施瓦布教授（Professor Klaus Schwab）

「誠摯邀請各位踏上這趟追尋之旅，為地球每一個人取得乾淨用水。」——科克斯書評（*Kirkus Reviews*）

「懷特和戴蒙將他們的發現、遭遇的挫敗，以及尋覓解決之道這一路走來的旅程描繪得淋漓盡致⋯⋯他們從他人的失敗之處找到成功的契機，這有一部分要歸功於他們致力於與社區攜手合作解決用水供應的問題，而非帶著千里之外決定好的方案空降到當地。」
——美聯社（Associated Press）

水的價值

謹將本書獻給我們適應力強、機智
又鼓舞人心的服務對象。投資安全用水可以
激發無限可能性,為各位讀者本身、家人和
全體人類開啟新的篇章。

水井乾涸時，方知水的價值。

——班傑明・富蘭克林（Benjamin Franklin）

Contents 目錄

1
Chapter

究竟什麼是「水資源議題」？

講述者：麥特・戴蒙

我人生大半時間都是在螢幕上演故事，而非寫故事，所以我在思考這本書該怎麼開頭時，便想像如果這是一部電影的話，我會如何做開場。鏡頭淡入帶到 2006 年我到尚比亞鄉下拜訪過的一間小屋，那間小屋的土磚牆、泥土地面和茅草屋頂，至今仍鮮明地浮現在我腦海裡。小屋周遭通常都是乾巴巴的景色，不過當時是 4 月，正值雨季尾聲，因此有一部分地面長出了稀疏的綠草。我坐在屋外等一位女孩放學回家。

我會去尚比亞都是拜波諾（Bono）所賜，這位只要一有空閒便致力於終結赤貧（extreme poverty）的搖滾歌手，一直死纏爛打要我到那裡走一趟。「死

纏爛打」就是波諾的正字標記，他把這種特質當作榮譽勳章一樣戴在身上。波諾十分自豪能夠說服別人——尤其是政治人物，不過當然也包括其他人，去做一些如果不糾纏到底他們就不會去做的事情；這個傢伙真的非常擅長此道！波諾堅信，近身接觸過貧窮的經驗，可以讓一個人的人生優先順序跟著改變，可以迫使一個人跨出去想辦法對付貧窮，也因此他和DATA（Debt, AIDS, Trade, Africa）的同僚——他發起的慈善組織 DATA 後來變成「ONE 反貧運動」（ONE Campaign）非營利組織——才會催我和他們去一趟非洲。波諾拿出電話行銷的那股熱情不斷逼我，拒絕不是他會接受的答案。

我其實沒有要拒絕的意思，只是我的人生有很多事要忙。我的妻子有孕在身，按照預訂時程去非洲的話，那時肚子裡的孩子已經七個月了，而我在下一部電影開拍前又只有很短的空檔。於是我告訴波諾眼下真的不是去非洲的好時機，他望著我說：「永遠都不

會有所謂的好時機。」他這樣說自然也沒有錯。

　　我對這次非洲行的重點並未抱著崇高幻想，不曾有過自己會在這趟行程中改變某個人的人生之類的想法。波諾總愛說做善事的搖滾巨星最討人厭，第二討厭的莫過於做善事的演員了。光是在心裡想像自己滿臉憂心地走過一片荒野或是都市裡的貧民窟，然後又飛回家、重新回到溫暖舒適的生活那個畫面，我就覺得彆扭。但是我接著又想，這個理由比用「我很忙」當作不去非洲的藉口還要蠢。我考慮得愈多，就愈是明白自己其實很想走一趟，去認識住在這世上一些最貧窮地區的人，親眼看看他們碰到的困境，設法找出是否有我可以效勞的地方，於是乎，我跟波諾說我會去，我哥哥凱爾（Kyle）也答應同行。

　　這趟大約兩個星期左右的行程，我們去了南非和尚比亞的貧民窟與鄉間村落。DATA 把行程規劃得好像在上迷你大學課程似的，我們每天都要研習一個讓這些居民難以破除貧窮的難題，包括財力不足的醫療

體系、貧民窟的種種生活困境、愛滋病毒與愛滋病的危機等等。除此之外，我們還要研讀各個議題的懶人包手冊，參訪致力於解決這些問題的組織，以及最重要的一件事，那就是必須和居民交談。

我們待在尚比亞的最後幾日，「水」是其中某一天的主題。為什麼要瞭解這個議題我不是很明白。我清楚我們之所以聚焦愛滋病毒、愛滋病以及教育的緣由，畢竟這些都是新聞裡會看到的議題，是大家會去探討的議題，抑或願意在請願書上署名或捐款支持的議題。然而，那天我聽到要討論的主題是「水資源」時，其實對這個問題感到十分困惑，我猜大概是水受到汙染之類的事情吧。

後來我看了這個議題的簡報，報告上說的和我猜想的一樣，水被汙染了，嚴重到每 20 秒就有一位兒童因染上經水傳播的疾病而喪命。[1] 不過還有另外一個問題，那就是用水難以取得。這些村莊沒有鋪設供水管線，居民家中也沒有水龍頭，所以必須有人去取

水的價值

水帶回家，而這個角色幾乎都是由婦女或女孩擔任。她們的責任就是，有必要的話必須步行到很遠的水源處，把容量 19 公升左右的塑膠桶裝滿，接著再扛著裝滿水後重達將近 20 公斤的桶子走回家。[2] 隔天起床後，又重複同樣的工作，日復一日。

為了瞭解整個取水過程，我們從尚比亞首都路沙卡（Lusaka）開了四個小時的車程來到一座村莊，那裡有一口井是 DATA 某個合作夥伴協助興建的。工作人員認識一戶住在取水路線附近的人家，這戶人家有一個 14 歲女兒，名叫威瑪（Wema，我們用化名保護她的隱私），她每天放學後都會步行到這口井幫家裡取水。威瑪願意讓我們跟著她一起去取水，可是我們抵達時，她家一個人也沒有。其實不只她家，整個區域都空蕩蕩的。放眼望去看不到村里活動中心，一間間小房子散落各處；這裡寂靜無聲，彷彿靜止一般，我們坐下來等了好一會兒。

終於我們看到威瑪從小路上朝我們走來。她手裡

抱著書本，一身樸素的藍色洋裝，看起來很像學校的制服。她害羞地向我們打招呼，把書本放下後，便走去拿家裡的水桶。

我們和威瑪動身往水井走去的時候，一開始彼此的對話顯得十分彆扭，這倒也不意外，畢竟威瑪之前每天都是獨自步行去水井，如今身邊突然多了行程安排人員和村里幹事陪同，外加一名過分熱血的電影演員。我和她語言不通，所以必須透過翻譯來交談。儘管如此，大家走著走著便刻意落後一點，讓我和威瑪有空間可以談話。對於我的提問，她的回答非常簡短，但是過了一會兒我們兩個都比較放鬆之後，就算冷場也不會覺得尷尬了。走在鄉間小路上，令人感到十分平靜。

約莫走了半小時，我們來到水井旁。有人提議我動手試試看把水打上來，當時我才剛拍完某一集的《神鬼認證》（*Jason Bourne*），自認身體正在絕佳狀態，結果想不到打水其實比看起來還難。我笨手笨腳

水的價值

地打著水，一邊和威瑪笑個不停。她動作熟練地操作幫浦將水裝滿，然後把那個沉甸甸的黃色大桶子舉到頭頂上，再用一隻手穩住水桶的平衡，讓人看了忍不住要崇拜她，直到你想起來（如果你已經忘記的話）這就是她的責任：一件逃不掉的基本家事。

回程途中下雨了，不過大家對此未置一詞，只是繼續走著，一種任憑這場雨處置、欣然接受被雨淋溼的心情讓氣氛輕鬆起來。我和威瑪漸漸打開話匣子，我問她長大以後想不想繼續住在村子裡，她又露出有點害羞的表情對我微笑，似乎為了要不要回答而天人交戰。過了一會兒，她告訴我答案：「我想去路沙卡，我以後想當護理師。」

我感覺她一定很少向別人吐露這個志向，而且我猜就連她父母對此也一無所知，說不定她剛才猶豫要不要回答正是因為怕我告訴她父母。抱有這樣的夢想對她來說非同小可，畢竟這牽涉到必須離開她再熟悉不過的地方，靠自己走出去發揮所長，對此我心有戚

戚焉。請容我解釋一下，我也明白在世界某個角落遇見某個人生跟自己相差十萬八千里的人，卻突然間在這個人身上看到自己，這種經驗講起來根本是陳腔濫調的故事，但就真的被我碰上了。威瑪讓我想起自己當初那種焦躁不安，急於去新的地方、闖蕩新事物的心情。我完全瞭解青少年懷抱夢想是什麼感覺。十幾歲的時候，我和班・艾佛列克（Ben Affleck）每到暑假就跑去打工，把賺來的錢存進銀行裡的共同帳戶，為的就是要搬去紐約實現演員之夢。我的夢想和這個女孩南轅北轍，卻又相似到能彼此連結。

我從和威瑪交談的過程中可以清楚感覺到，她一定會去追逐她的夢想，因為她散發一種光彩，一種沉著的氣息，讓我馬上就想像有朝一日，她會鼓起勇氣告訴父母她要去路沙卡實現夢想。也許父母聽了會生氣，或因為她要離去而傷心，又或者看到她有這麼大的志向而引以為傲；或許以上皆是也說不定。但是她一定會好好學習，努力奮鬥，最後達成目標。過了超

過 15 年後的今天，我依然深信她已經成功了，深信她早就脫離了頂著水桶步行在那條路上的日子。希望我是對的。

我會這麼樂觀的主要原因——其實也是唯一的原因，就是威瑪可以上學。我們走去水井的時間花了半小時，不過威瑪每天只要來回一趟，扣掉這一小時，她還有餘裕可以上學並且在太陽下山前寫完作業，因為這座村子沒有電力，天黑後就不能做功課了。DATA 之所以會介紹我認識她，正是因為以相對條件來講，她是個幸運到有足夠時間可以讀書的女孩，算得上成功的例子。世上有數百萬個女孩沒有這種好運，她們每天耗費在取水上面的時間需要三到六小時不等，不像威瑪只有一小時。步行去取水，就是這些女孩的責任，這件必須要做的事情使她們無法上學，讓她們沒辦法下田工作賺錢分擔家計或做些手工品拿去市場賣錢。事實上，印度就有某些地區嚴重缺乏水資源，所以男人會娶「水妻」，即娶二房或甚至

三房，這些妻子每天要做的事就是專門替家裡取水回來。[3]

　　我的腦海裡一直浮現「水就是生命」這句古老格言。想想看威瑪這個 14 歲女孩省下了多少時間，就因為有人選在離她家只有一公里半的地方挖井，而不是七、八公里遠的地方？這個決定就是她每天除了來回步行一趟去取水之外，還能做其他事的背後原因。她也正是因此而有能力追逐那個猶豫著要不要說出來的心中大夢。對威瑪來說，水是生命，也是她追求更美好人生的機會。

這個時候我想我應該暫停一下，坦白告訴大家「名人到非洲誓言改變世界」這種調調大概會讓人反胃；其實我自己也想吐。不過呢，說起來我是名人沒錯，但我也是我母親的兒子。

我的母親南西・卡爾森・佩吉（Nancy Carlsson-Paige）70 多歲，她是學前教育領域的教授，任教於麻州劍橋的萊斯利大學（Lesley University），我從九歲起就和哥哥跟著母親住在學校附近一間有六個家庭共住的公共之家（communal house）。各位一定聽過別人抱怨學術界開明放任派的作風，把這個愛賣弄學問的嬉皮圈形容得很荒唐可笑吧？沒錯，我正是在這種環境下長大成人的，波士頓大學的霍華德・津恩（Howard Zinn）教授還曾經做過我的保母，千真萬確，絕無戲言；這位教授赫赫有名，著有《美國人民的歷史》（*A People's History of the United States*），他協助推動從受壓迫人民的視角而非以壓迫者立場來傳授歷史的運動。當有人說我是好萊塢自由派人士的時候，我內心有一股想反擊的衝動，但另一方面的我只想說：「是劍橋的自由派人士，不是好萊塢的。」

80 年代，正值青少年時期的我在劍橋（這裡指的當然不是我和班會去閒晃的中央廣場那些地方，而

是我家餐桌上）最常聽到的其中一個重大議題，就是中美洲的動亂。中美洲的危機起源要追溯到 1950 年代，當時艾森豪（Dwight D. Eisenhower）政府基於防止共產主義在北半球擴張，指示中央情報局（CIA）協助推翻瓜地馬拉的民選總統。瓜地馬拉總統是左翼社會改革人士，並非共產黨，但是美國政府擔心他暗地裡搞共產主義，又或者害怕他來日會變成共產黨，這種恐懼促使美國政府出手支援軍事政變，結果有 2 萬人在隨之而來的內戰中死亡。[4] 在 70 和 80 年代，這個區域的左翼分子運動——即尼加拉瓜的桑地諾民族解放陣線（Sandinistas）以及薩爾瓦多的馬蒂民族解放陣線（FMLN），分別搞垮了獨裁政府和軍政府。美國支持獨裁者，提供訓練和金援，讓他們能夠長期進行血腥的內戰。兩邊都看得到侵害人權的可怕事件，但是種種歷史悲劇實在多到難以在本書中詳述；總之我也明白，我的歷史知識是受到霍華德・津恩的啟蒙，所以我說的故事有些人恐怕不會相信。

水的價值

一言以蔽之，在我成長過程中，劍橋就是一個反抗這些政策的中心。這裡有教堂舉辦追思會紀念遭到政治迫害的犧牲者，也會碰到社區義工帶著戰爭受害者的照片挨家挨戶去拜訪、為他們募款的情景。猶記得波士頓公園舉行的那些大型抗議活動，其中就發生過 500 人示威群眾占據約翰・甘迺迪聯邦大廈（JFK Federal Building）的事件。這些抗議活動也有我母親的身影，她曾經在參與某次抗議行動時被逮捕。雖然抗議活動並未真正扭轉美國政策，但確實產生了一些影響力。我們的州長拒絕派麻州國民警衛隊（Massachusetts National Guard）去中美洲執行軍事演習，以此反抗雷根政府的政策。另外，劍橋自行宣布願意為躲避衝突的難民提供庇護，並選擇薩爾瓦多遭暴力蹂躪的一座村莊作為我們的姊妹市，我們送去了醫療補給品和其他支援。[5]

這段期間，母親開始學西班牙文，只要有辦法就會去中美洲。她去了瓜地馬拉、薩爾瓦多、宏都拉斯

等國，主要是為了深入瞭解當地狀況，將最新的情勢消息帶回來，有利於鞏固基礎，對抗美國更進一步的干預行動。很多社運人士相信，如果美國公民身在這些國家的話，我們的政府就不會去侵略他們，以免危害美國公民的性命。

她也三度帶我同行，藉機「馴化」我。行程一開始，我們會先跟當地家庭一起住，同時也去上語言課，接下來的旅程我們背上背包、搭上擠滿雞隻的巴士遊走該國。那年夏天我們去了瓜地馬拉，有些山區依舊戰鬥未歇。我曾經碰過一輛載著一群孩子的卡車駛過我身邊，那些孩子的臉上塗了迷彩，手裡拿著槍，正準備去加入山區的戰鬥。當時我 17 歲，那群孩子年紀看起來跟我差不多或甚至比我還小。車上有個男孩與我四目交接，他眼神空洞的模樣，我至今都忘不了。那名男孩一定看過很多我這輩子絕對不會見到的場面。

隔年夏天，也就是 1989 年，我剛讀完大學一年

級，母親就說：「麥特，以前你和凱爾還需要媽媽照顧，所以去中美洲的事我很克制，但現在你們兩個都長大了，應該明白我不打算再克制自己。」於是，她開始到比較危險的地方，譬如劍橋在薩爾瓦多的姊妹市。那座城鎮據說有游擊戰，她去到當地的時候正巧碰到薩爾瓦多的軍隊進駐，他們對空鳴槍，在鎮上的井裡撒尿，弄髒水源；謝天謝地我母親毫髮未傷。那次回國後，她更加堅決要投身世界事務，致力於釐清世道，找出自己如何能有更積極的作為來導正不公不義。

不過我母親對於這些事物的看法是有點複雜的，並不是非黑即白。她雖然決心改變世界，但對於那些以馳援為名、衝去拯救水深火熱社區的人士、政府單位和援助組織——說穿了就是每一個人，她同樣也抱著深深的質疑。我記得她曾告訴我，那些介入行動就算立意良善，也有可能是出自於某種優越感作祟，甚或不知不覺反映種族歧視的心理，設想黑人或棕色膚

色人種沒有能力自救。有一種救助人員自以為參透一切，認為必須將自身的智慧和慷慨餽贈給有需要的人們，我母親無法忍受這種傲慢心態。（說真的，千萬別刺激她挑起這個話題。）

我母親也用同樣的標準審視自身。她知道自己心腸好，但她也明白光是這樣還不夠。行腳中美洲讓她體悟到，想要真正瞭解一個不曾居住過的國家在生活上的複雜性，去欣賞完全不同於你所碰過的各種處境，又或者去期待你從外界帶來的構想可以開花結果，這絕非易事。諷刺自由派人士投身聖戰的漫畫，大家想必也看過不少，不過我很清楚，母親並非打聖戰，而是在跟自己和內心的躊躇搏鬥。她努力避開她在周遭看到的陷阱，試圖保持謙卑，絕對不可自以為是去設想她會比薩爾瓦多人、墨西哥人或瓜地馬拉人更瞭解自身的處境，即便是潛意識也不能有這種念頭。她至少就是在這種自我覺察之下跳上飛機，到當地去看看她能有何作為。

水的價值

　　但是從我和母親談過這些事情之後隔了很長一段時間，事實上是很多年後，我才親身實踐她的教誨。我過了多年帶著行李睡朋友家沙發、接演一些戲，又回去朋友家睡沙發的歲月；坦白說這些年來，貢獻世界這件事對我而言，還不如拿到更大、更好的角色和穩定的工作來得重要。後來我的演員工作開始發光發熱，我使出渾身解數確保自己繼續高飛，接著我和露西（Luciana Barroso）共組家庭，人生歷經一個又一個階段，不知不覺便來到 2006 年，這一年波諾死皮賴臉纏著我，把我拉了進去。他本身就已經證明，為他人倡議的同時，依然可以過好自己的生活。為對抗貧窮而奔走的那些年，他和 U2 樂團持續錄製專輯，並沒有因此停掉日常工作或剝奪與妻子艾莉（Alison Hewson）和四個孩子相處的時間。

　　演唱會他也照辦不誤，觀眾只要看到這位富有的搖滾巨星在演唱會上開講談貧窮就會翻白眼，要不然就說他是偽君子或是業餘或博版面的慈善家。大家

真的這樣說他，至今依然如此，這是這個圈子會碰到的事。不過波諾的立場是，跟什麼都不做或直接開支票比起來，那一丁點翻白眼以及社群媒體上的些許惡評，只不過是「採取作為」的小小代價而已。還請各位讀者別誤會我的意思，捐錢對慈善單位來說很重要，如果各位像我一樣運氣不錯的話，可以從獲得的財富分配一定比例捐出去。一直以來，我對這種做法深信不疑，但同時我也會覺得除了捐錢之外，自己應該可以做得更多。2006 年那趟旅程讓我真正跨出第一步，去尋覓我究竟可以有何作為。

我並非一開始就很清楚自己應該專注在水資源議題上。非洲之行走得恍恍忽忽，DATA 在很短的時間內丟給我太多資訊，搞得我暈頭轉向，我必須花點時間理出頭緒，再決定要從哪裡著手創造改變。

水的價值

　　本來我的第一個直覺是聚焦於有燃眉之急的議題，譬如愛滋病毒與愛滋病。行程剛開始的某一天，我們去南非最大的城鎮索威多（Soweto）瞭解愛滋病毒危機，見到兩位小男孩。這兩位分別為 12 歲和 7 歲左右的男孩，父母已經死於愛滋病，現在就只剩他們兩個自己生活。哥哥向我述說他如何代父母職照顧弟弟。有一件讓我最印象深刻的事情就是，這對兄弟的房間一塵不染。沒有人替他們整理房間，也沒有人叫他們去整理房間，他們自動自發做這些事。

　　我從他們家走出來後問我們的嚮導：「這兩個孩子以後該怎麼辦？會發生什麼事？」嚮導用就事論事的口吻告訴我，他們大概會去混幫派。據說這個地方的幫派有各種五花八門的手法，可以把走頭無路又需要錢的男孩拉進幫派裡，而且大多都能成功得手。

　　這件事在接下來的行程裡一直迴盪在我腦海。我想做點什麼協助對付愛滋病危機，而眼前就有明確的切入點，因為對抗愛滋病也是 DATA 十分重視的焦

點。不過，等我深入瞭解之後卻發現，我不敢說這場愛滋病戰爭是否真的需要我這種步兵。多虧了世界各地的社運人士和波諾、比爾‧蓋茲（Bill Gates）以及前總統比爾‧柯林頓（Bill Clinton）與喬治‧布希（George W. Bush）這些領導人物，各國政府總算嚴肅看待阻止愛滋病擴散的必要性，這個問題自然也需要更多的資金與後援。然而，還有其他問題同樣也造成民生疾苦，可是得到的關注卻非常少。

　　教育是我個人深有感觸的議題，有鑑於我的教養過程，我很清楚教育的價值容易彰顯，畢竟這世上有太多人無論其出身背景為何，皆親身體驗了教育在自己身上發揮的成效。但這個議題就和愛滋病危機一樣，並不缺耕耘之人。接著我想到我應該效法母親的做法，去思考這一路上我認識哪些人，從他們向我提出的請求來考慮。不過仔細想一想，這種事情我又只碰過一次。當時我們一行人在路沙卡郊外某座村莊的村長家吃晚餐，席間他突然靠過來問我：「我們什麼

水的價值

時候可以處理鱷魚？」

原來在他那個村子，被鱷魚咬死的人比因愛滋病而死的人還多。不用說，我的懶人包手冊不會有鱷魚議題，於是我問了一位 DATA 的工作人員，是否有我們可以效勞的地方，她回說她會查查看。我猜解決之道很簡單，並不需要動用聯合國某個委員會來琢磨處理方法，不過就是弄個陷阱、用上幾把槍之類的事罷了。儘管是小事一樁，但我難以想像自己冠上「鱷魚獵人麥特・戴蒙」這種慈善工作佼佼者的稱號。

思來想去，我的腦海裡最後總會浮現那位身穿藍色制服的女孩，以及我們一同走去井邊的情景。我把她的處境想了又想，又反覆咀嚼過我學到有關於水的各種資訊，我發現「水」其實就是一切的核心。生命不能沒有水。若是無法取得乾淨的水，人類就不可能進步。

我在非洲行碰到的所有問題，又或者是讀過的新聞報導，似乎都能回溯到水的議題。就以醫療為例，

透過水傳染的疾病最常見的症狀就是腹瀉，兒童因腹瀉而死的人數甚至超過瘧疾、麻疹和愛滋病毒與愛滋病等疾病的總和。[6] 水媒病（waterborne disease）還造成數百萬兒童嚴重營養失調，導致身心永久發展遲緩。[7] 此外，負責取水的婦女兒童也會在健康方面有進一步的傷害。聯合國婦女署（UN Women）副執行長奧莎·雷涅爾（Åsa Regnér）指出：「取水和扛水的工作往往從年紀很小就開始做起，對頸部、脊椎、背部和膝蓋會造成日積月累的損耗。事實上，女性的身體已經變成輸水基礎設施的一部分，做著水管管線的工作。」[8]

水也是能否讓更多孩童上學的關鍵所在。水媒病造成的病痛，導致兒童每年缺課合計 4 億 4300 萬日。[9] 缺乏廁所和衛生用品則使女孩每個月在生理期期間無法上學。另外可想而知的是，必須長途跋涉才能取水的女孩注定無緣上學。有鑑於此，如果希望孩童上學受教育，就必須解決水危機。

　　再者，各位如果重視性別平等問題的話，試問還有什麼行動會比將婦女和女孩原本擁有的時間還給她們、讓她們獲得自主權更有意義的呢？

　　水危機也是極端貧窮的一大肇因，每年造成 2600 億美元的全球經濟損失。[10] 同時我們也已經看到，缺水正是氣候暖化最具破壞性的後果之一。對於連接了自來水基礎設施的人來說，缺水導致必須付出高昂成本；至於沒有自來水可用的人，缺水則會危害到性命。

　　古希臘哲學家泰利斯（Thales）曾說：「水是一切的源頭。」[11] 在我看來，泰利斯說得一點也沒錯。我和別人交流過各種關於發展方面的問題，譬如健康醫療、教育、女權、經濟機會、環境等等的發展議題，全都可以從水談起，或許說「應該」從談水開始也不為過。又或者更精確來講，應該先討論「WASH」，即水（water）、衛生設施（sanitation）與個人衛生（hygiene）等英文字的縮寫，這幾個重點

往往被視為單一議題來談，但現在幾乎沒有人去探討。我一直想到波諾的某位同事說過的話，他告訴我：「水是各種善事中最沒有魅力的主題。」**說得沒錯**，我心想。**那麼現在也該是給這個話題增加一點魅力的時候了！**

為什麼水和衛生設施如此不討喜，為什麼這兩個議題得不到什麼關注呢？這些年來我琢磨出幾套理論，不過最後都被我拋諸腦後，只剩下一個理論縈繞在我心頭，而這個理論用美國作家大衛‧佛斯特‧華萊士（David Foster Wallace）說過的一則寓言最能一矢中的：

水裡有兩條小魚一起游著，某天他們遇見了一條從反方向游過來的老魚，那條老魚對他們點點頭並順口打招呼：「孩子們早安，今天的水如何呀？」兩條小魚繼續往前游了一會兒之後，其中一條小魚終於忍不住轉過頭去問與他同游的夥伴「什麼是水呀？」[12]

　　華萊士用這個故事來形容「最明顯又刻不容緩的現實，往往是大家最難以看清和明言的東西」。對我來說，講到水議題，這則寓言不只是比喻，而是真真切切的事。

　　水無所不在；人起床後用水淋浴、用水刷牙、用水沖馬桶、用水煮咖啡、倒一杯水來喝、用水洗碗盤等等，我們出門前就用水做了這麼多事情。無水可用是什麼情景，我們不曾想像，因為我們從來沒有機會想像。水太便宜了，跟免費的差不多，所以我們很少會想到用水要花錢，除非你喝的是廣告打著含有電解質的瓶裝水。我們在星巴克（Starbucks）或任何一家餐廳都能喝到免費的水，也習慣不花一毛錢喝噴泉式飲水機的水，或使用免費的廁所。

　　所以說起來，你我都是那條小魚。「什麼是水呀？」

　　水和衛生設施隨處可用，以致於我們不會去注意到這些東西的存在，甚至視而不見。除了極為罕見

的情況之外，譬如密西根州夫林特（Flint）自來水系統受到嚴重汙染的事件，我們其實不曾缺過水。偶爾錯過一餐是什麼感覺大家大概都知道，畢竟我們都有打開冰箱後發現裡面空空如也的經驗；所以說，我們應該也可以想像餓肚子是什麼感覺。然而，有多少人見過把家裡或我們地方上所有的水龍頭打開，卻沒有一滴水流出來的情景？又有多少人曾經想像過這種情景？

20 年前左右，我在《洛杉磯時報》（*LA Times*）讀到一篇報導，那篇文章講述兩位大學室友一起去公路旅行所發生的事件。他們從卡爾斯巴德洞窟國家公園（Carlsbad Caverns）出發去健行，結果迷路了。兩人沒水可喝迷路了四天，在口渴難耐的情況下，其中一個人痛苦到乞求他室友殺了他，別讓他渴死。那位室友身上有一把小刀，就真的動手用那把刀殺了他最要好的朋友，但沒多久後竟得知，他倆只偏離原本要走的路徑 70、80 公尺而已。[13]

水的價值

　　法醫對死去的大學生進行驗屍，結果出爐後令人詫異。這個孩子並沒有口渴到快死的地步，連接近快渴死的程度都沒有。他只是不明白那種感覺是怎麼回事，畢竟**他以前不曾真正口渴過。**

　　1906 年，有一位名叫威廉・約翰・麥吉（W. J. McGee）的科學家，他滴水未進在亞利桑那州沙漠待了一週並存活下來。麥吉將口渴劃分成三階段，第一階段為普通的口乾舌燥，大家都有這種經驗。第二階段升級為喉嚨灼痛，皮膚緊繃，最終會開始出現精神錯亂的感覺。至於第三階段，麥吉稱之為身體「漸進式僵化」（progressive mummification）。[14] 報導中那名覺得自己快渴死的大學生應該處於第二階段。

　　那天早上我讀完這篇報導後，久久不能自己，十分驚嚇，這時導演葛斯・范桑（Gus Van Sant）正好打來找我談事情，我就把這篇報導內容講給他聽，最後我們敲定要根據這篇報導拍一部電影，也就是後來的《痞子逛沙漠》（Gerry）。好吧，或許就我拍過

的電影來說，這不是振奮人心的電影，也不是適合約會看的那種。不過我發現身在美國這類富裕國家的人們，已經跟人類一些最基本的經驗漸行漸遠，譬如強烈持續、甚至帶有危險的口渴感受，這一點真是耐人尋味。

我想，這應該就是水資源議題為什麼需要花更多時間才能得到人們關注的原因。有時候看到別人就是搞不懂這件事情的重要性時，我會覺得很挫折，接著我會想起自己以前也是如此。即便我認識了威瑪，她在我腦海裡烙下深刻的印象，但是長時間口渴這樣的概念以及用水難以取得，於我都是陌生的經驗，我也不是馬上就能體會到這些問題對她的生活造成多麼大的影響。

不過漸漸地我開始能夠領會；就算我不懂解決之道，也已瞭解問題所在。另外我也發現，如果能讓更多人聽到威瑪這樣的女孩所遭遇的事，那麼缺水危機就有機會得到必要的關注。再者，享有過剩的群眾關

注不就是名人的特色嗎？若是能把這種關注疏導一些到亟需關注的善事上，至少我會覺得自己已經開始發揮某種影響力。

我想強調一點，我並不是在嚷嚷自己是水議題的最佳發言人。不如打開天窗說亮話吧：各位現在正在讀的這本書，出自兩位生活優渥的白人之手，探討跟黑人和棕色人種等邊緣族群息息相關的議題，特別是女性。我知道的唯一一個可以彌補關注度不足的方法，就是我本身鍥而不捨去談這個議題，所以我才會大聲疾呼的。

然而我也明白，若要投入一個所影響的社區跟各位無關的議題，就必須持續傾聽和學習，必須覺察到你本身的設想和偏見，必須用謙卑的態度去面對這一路上即便用心努力也有可能會出錯，同時也必須抱著熱忱持續設法將事情做得更好。換言之，過程中必須既大膽又審慎，這也是我母親一直以來對我的教導。還請各位督促我確實做到以她為榜樣。

非洲行的前不久，我正好在忙一部紀錄片。這部片子講述了三位超馬好手長跑 6500 公里橫越撒哈拉沙漠的過程——西從塞內加爾臨大西洋的海岸，東到埃及靠紅海之處。[15] 我之所以會籌拍這部紀錄片，是因為其中一位跑者成功說服了我，這位很有魅力的傢伙就是查理・恩格爾（Charlie Engle）。數十年前某一天，吸食古柯鹼的查理在汽車旅館的地板上醒來，差點丟了性命。他重新振作，整頓好自己，然後開始長跑，從此與跑步結下不解之緣。他把自己所有的「癮頭」全拿來用在長跑上，最後成為了超級馬拉松跑者。

我認識查理的時候，我們兩個上路來了一段 15 公里距離的長跑，然後他問我有沒有跑過馬拉松。我說沒有，不過我告訴他：「我哥哥有在跑馬拉松，

我自己曾為了馬拉松做過訓練，但跑了快 20 公里左右，我的腳踝就掛了。」

「才沒有掛。」他回道。

有鑑於我倆討論的是「我的腳踝」，我當然不認同他的說法。我堅持我的腳踝真的掛了。

「才沒有，」他又講了一次。接著他說出這句精妙之語：「你應該把你對痛苦的情感導向別處才對。」

聽查理講這些話，讓我感覺他好像電影裡面那種很會胡扯的角色。不過我喜歡這個人，也喜歡他的撒哈拉長跑計畫，所以我簽了約擔任紀錄片的執行製作人，並答應替電影做旁白。原本我覺得人類對抗大自然這類的東西是十分有趣的故事，所以同意出資拍攝，但到了三位跑者準備出發橫越非洲大陸，我們的工作人員也到非洲進行拍攝時，我對這件事情的視角有了一點變化。當時的我已經和 DATA 團隊去過非洲幾個國家，所以當我看到三位跑者的預定長跑路線——從塞內加爾出發，沿途經過茅利塔尼亞、馬

利、尼日、利比亞，最後到埃及時，這張路線圖在我眼裡正是全球水危機的原爆區域。他們行經的地區，都是正逢極端缺水危機的國家，缺乏可解決這個問題的基礎建設。對於想要瞭解水危機或對此問題著手的人，這是理想的切入點。

在準備拍攝紀錄片的同時，我也得知有一些組織幫助這些地區的居民取得用水和衛生設施，做得有聲有色，只是這些團體資金短絀，這讓我靈光乍現，想到「籌募資金」正是我可以有所作為的事情。於是我和其他主導長跑遠征計畫的人士商議，最後決定要為這趟長跑創設慈善援助組織，即 H$_2$O Africa 基金會（H$_2$O Africa Foundation）。

我們很清楚接下來必須花很多功夫把解決水資源和衛生問題最厲害的組織找出來，深入瞭解他們的作業內容，審查這些單位是否能成為優良夥伴，再予以資助。很幸運的是，託長跑紀錄片的福，我們會有人手在那片區域移動。當然我指的不是三位跑者，他

們要操心的事可多著，光是想辦法活下去就夠他們忙了。我說的是那些坐著汽車或卡車跟在跑者後面，提供各種支援並記錄遠征過程的隨行人員。這些人員沿途除了有機會和當地人交流所碰到的水資源難題之外，還可以特別留意我們要尋覓的援助組織。

還請各位明白，在這個區域來講，有幾個國家光是要入境就十分困難，因此可想而知這次機會是多麼難能可貴。跑者即便已身在尼日，準備越過那裡的沙漠，但與它東北部接壤的利比亞，偏偏不批准他們的入境申請。當時我正在拍攝《神鬼認證：最後通牒》（*The Bourne Ultimatum*），聽到消息後我從歐洲的拍攝現場飛到華盛頓特區，試圖說服利比亞大使館的幾位官員讓跑者入境，但顯然我不如自己想的那麼有魅力，他們拒絕了我的請求，後來是請一位生於利比亞的商人動用關係，入境申請才通過。[16]

由此可知，一開始能把眾人弄進這些國家就算得上旗開得勝了，這個大好機會我打算充分利用。當

然，我也明白一邊拍電影一邊兼做研究，並不是理想做法。假設你是從倫敦政經學院（London School of Economics）這類地方拿到發展研究學系的學位，想必不會學到這種方法。不過既然我沒學過發展研究，又剛好在拍紀錄片，所以我迫不及待要就此展開自學旅程。成長過程中，我母親在家裡冰箱上貼了一個磁鐵，我一直想到那個磁鐵上面寫的一句話，那句話是甘地（Gandhi）的名言：「無論你做的事情看起來有多麼微不足道，最重要的是你去做了。」

我想表達的就是，我很高興我們去做了。我們的工作團隊找到幾個十分出色的組織，這些組織做的都是非做不可的工作，而且每天都會出現很多狀況提醒他們，有更多事情需要他們去做。有一次，我們的工作人員駕駛載滿提供給三位跑者的飲水和食物的卡車一路往前開，開著開著就在沙漠裡遇見一個七歲男孩，他獨自坐在地上，表情十分害怕。這個孩子手邊只有少少的駱駝奶，再加上一點肉乾，僅止而已。他

水的價值

父母把他留在那裡跑去找水了……因為在撒哈拉的中心地帶，去找水需要動用兩人花上整整兩天的路程。他們家因為養了一群綿羊、幾頭山羊和一隻駱駝，所以這對父母唯一能做的就是把小男孩獨自留下來照顧牲口。工作人員問他這種情況是否經常發生，他回說是的。於是，他們送給他一箱餅乾、一袋新鮮棗子和幾大罐的飲水，可是他們心知肚明，這樣做也只是治標而非治本，等卡車駛離，留下一堆沙塵之後，對這個男孩來說，好心的工作人員就會變成一場超現實的夢。[17]

三位跑者和工作人員在遠征過程中，一再聽到有人用當地的塔瑪舍克語（Tamashek）講一句話：**Aman iman**。

意思是：「水就是生命。」[18]

H$_2$O Africa 基金會透過這部紀錄片及上映宣傳，募到了一大筆款項，接著其他來源的資金也紛紛湧入。OnexOne 基金（OnexOne Funds）是加拿大的慈善組織，專門資助促進兒童福祉的單位，我在多倫多舉辦宴會請他們來參加，他們捐了 100 萬美元給 H$_2$O Africa。後來我們又獲得百事公司基金會（PepsiCo Foundaiton）的高額補助，該基金會投入大筆資金和其他單位攜手合作，努力終結水危機。這一切可以說為我們的耕耘打了強心劑。

不管是籌募資金，還是轉而將款項資助非洲在地的慈善組織，我們都做得愈來愈順利，然而於此同時我也益發感覺到自己在知識及經驗上的不足。募款成功意味著我必須扛起責任，妥善管理別人委託我處理的資源，這表示我有很多事情要學著做。還沒完全掌握實際狀況就著手去做，一向是我樂此不疲的做法，

但現在這種做法已經不堪用了。

於是我開始大量閱讀有關水危機的文章，也和專家們會面交流。長久以來我一直很欣賞經濟學家傑佛瑞・薩克斯（Jeffrey Sachs），他是發展界的重量級人物，同時我聽聞他對波諾的思維亦有深刻影響。（波諾就自稱是「傑佛瑞・薩克斯迷」。）首次見到傑佛瑞・薩克斯正是在多倫多那場宴會上，後來他成為我的心靈導師，對我有知遇之恩，總是樂於與我共進長時間的午餐，一邊幫助我就算不能流利地講出發展學的用語，但至少能理解這些專業術語的含意。另外要提醒各位的是，如果你想研究水危機之類的全球性難題，就要有心理準備會碰到很多類似以下內容的句子：「水資源的管控牽涉到整合性（都柏林準則一，Dublin Principle 1）與輔助性（都柏林準則二，Dublin Principle 2）之間的辯證。」[19]

要是你在網站上看到類似句子出現，請慢慢退開，但別輕言放棄。說真的，發展圈幾乎每一位大師

講起話來都是這種難懂的術語。我想那些有很多都是專家間交流時生成的簡略措辭，就像好萊塢也有自己的行話一樣，譬如「強檔」（tent pole）、「分場大綱」（beat sheet）、「鏡頭提綱」（slug line）等等。不管身在哪種產業，令人摸不著頭緒的語言只是一種「守門關卡」，無非就是要傳達：「我們是這個領域的萬事通，而你什麼都不懂。」這一點無庸置疑，專家懂的東西本來就遠超過一般人，請恕我直言，專家之所以是專家而一般人不是專家，道理就在於此；當然，我也不是專家。

我對自己不是專家這件事沒有任何困擾，心甘情願接受自己並非聰明人，也毫不介意提出一些會讓自己看起來很無知或顯得有些天真的問題；而事實也證明，我在這方面的表現比想像中更傑出。不過，確實會有這樣的時刻，那就是光做一個積極進取的學生已不足以應付一切——而 H_2O Africa 的這種時刻，則是在我們創立此基金會的數年後來到。我逐漸體悟到我

　　　　　　　　　　水的價值

不需要老師，我需要的是一個合作夥伴，一個對水議題的掌握更甚於我，但又願意與我攜手奮戰的人，願意一起以團隊力量做出比各自努力更強大的成果。我瞭解的東西或許還不多，但也多到可以清楚看到，眼前確實就有一個似乎比任何人都要懂水議題的人，而這個人正是蓋瑞·懷特（Gary White）。

2

Chapter

飲水十年

首先，請容我說明一下，我並非各位想像中那種會突然離開「坐辦公室的工作」，就此出走的人。在繼續告訴各位我當真那樣做的故事之前，我覺得有必要先澄清這一點。

2009 年《君子》（*Esquire*）雜誌刊出早期 Water.org 的簡介，當時曾隨同我們到印度參訪的撰文記者在文中描述了我與麥特各自的穿著（乍看之下一模一樣），由此來解釋我倆的不同。我和麥特都穿著正式襯衫和卡其褲，只是他的襯衫較寬鬆，靠領口的幾個鈕釦沒有扣上，我則把襯衫紮進長褲並用皮帶繫上，襯衫的口袋裡還放了一隻原子筆。「這就是，」這位記者寫道：「日與夜、黑和白、電影明星與工程師的分

別。」[1] 此言不假，我往往給人襯衫鈕釦從上扣到下的典型工程師形象，就算身邊沒有麥特‧戴蒙和我形成反差也是如此。

這樣說好了，我就是一個中規中矩、不會有戲劇化動作的人，也正是因為如此，1989 年那個冬日才會顯得如此怪異。當時我剛搬到丹佛（Denver），去一家工程顧問公司工作。我的工作是負責設計一條從科羅拉多州普埃布洛（Pueblo）的某處把水輸送到該社區另一處的管路。這份工作沒有魅力可言，但自有其重要性。

我到職後的第二週做到一半的時候，從辦公桌前起身，離開辦公室走到外頭的街道上。這並非在抗議什麼，只是不知不覺就這樣做了。我有一種坐不住的感覺，但不是想站起來伸展四肢的那種，而是存在感在擾動。我必須走一走，讓自己有一點思考的空間。

幾個月以前，我還在天主教救濟會（Catholic Relief Services）擔任專案專員時，曾去了一趟瓜地

馬拉高地。當時我負責監督救濟會在拉丁美洲及加勒比海地區所支援的各項專案，可是這份工作不計入我想取得的專業工程師執照所認可的工作經驗，因此我必須再加一年可獲得正式認可的工程經驗才行，所以我才會找到丹佛的這個新工作。

　　我負責監督的救濟會專案以供水計畫居多。在我走訪過的村落當中，有很多婦女終其一生的每分每秒，都深深受到沒有清潔用水和衛生設施可用的限制；從她們睜開眼起床的那一刻（通常在凌晨 4 點左右，她們才能趁著天還沒亮去田野上廁所，這樣至少還保有一點隱私）到白天，都花在集水上，最後到了夜晚只能全身髒兮兮地就寢，因為剩下的水只夠她們的孩子梳洗。

　　把這幅情景拿來和我的新工作對照的話，可以看到科羅拉多普埃布洛的大部分民眾從來不必操心用水，而我的工作正是確保他們無須思考這個問題，也就是保證他們按一下馬桶把手就能沖掉排泄物，保證

水龍頭、蓮蓬頭和水管可以流出乾淨的水。這當然是令人尊敬的工作，可是我心裡有一種好比鄰居家失火了，我卻還在整理自家後院的感覺。

不知不覺中，我走了好幾公里，也沒注意到自己往哪個方向去，但走著走著就來到了我的教堂，於是我走進教堂坐了一會兒。這棟建築空無一人，我坐在一張長椅上，內心開始天人交戰是否該辭職。

我剛搬到這裡不久，所以這間教堂對我來說還很陌生，不過它卻讓我想到家鄉。我成長於密蘇里堪薩斯市（Kansas City），就住在離聖伯爾納德教堂（St. Bernadette's）只有一條街的地方，這座教堂是在地的天主教教堂，我們週日都會去那裡望彌撒。我就讀的天主教中學也是天主教兄弟會開辦的學校，雖然學費對我們家來說太昂貴了。父母因為負擔不起學費，所以無法讓我三個兄姐讀這所中學，但是他們說如果我可以想辦法自付一半學費的話，另外一半學費他們會負責。因此那個夏天，我為了籌到我那一半學費，

水的價值

便在聖伯爾納德教堂附設的小學打雜，每天拖的地板和刷的廁所都是我以前用過的，沒想到畢業後還有機會碰到。

學校和教堂都教導我：「為他人服務的生活，才是值得過的生活。」我的父母一直把這個教誨銘記在心，特別是我母親凱西・懷特（Kathy White）。她在密蘇里的一座農場長大，1940 年代晚期移居到大都市，因此她不曾像我一樣有機會為地球另一個角落的人服務。不過，服務他人依舊占據著她的生活；她若是沒有在家照顧五個孩子，便是到一條街以外那間位在坡頂上的教堂奉獻她的時間。她協助安置越南難民，募款資助堪薩斯市的窮人。我們這間教堂和大多數的教堂一樣，都會透過義賣來募捐，我母親天天去那裡報到，整理成堆的衣物和舊玩具。

耳濡目染之下，服務一向是我人生重心。然而，當我坐在丹佛這間教堂裡，我想到天主教徒常講的幾個詞，而這幾個詞也恰巧是我高中修的一門科目的名

稱：「社會正義」。當然，社會正義可以指很多東西，不過就我而言，這四個字會讓我想到以前念大學時第一次參加海外志工團的情景。當時我在瓜地馬拉市的貧民窟看到一位年約五或六歲的小女孩，正用骯髒的水桶裝水。那個水桶一定和她體重差不多重，她把水桶扛起來放頭頂上，然後踩著蹣跚的步伐沿著一條汙濁的小溪走回家。我想幫她卸下那桶重擔，其他人也一定這樣想；我想設法向她表達，那桶水可能會害她生很嚴重的病，或甚至有可能要了她的命。但是我做不到，當時我的西班牙語太差，沒辦法解釋那桶水有何危險。況且，那又是她唯一能取得的水，因為她出身貧寒又生錯了地方。

這種事不只是傷感，不只是悲慘，這是「不公不義」──我也知道這是不可輕率使用的字眼。我在瓜地馬拉市看到那個小女孩的當下，總算對我原先只是學過、理論上已經懂的東西有了真正的體會：全世界有數十億像小女孩這樣的人，日日都得為了應付最

水的價值

基本的生活需求而煎熬。這些人為了確保家人有水可喝、有食物可吃、有安全的地方可以睡覺，必須花那麼多精力，以致於沒有餘裕能夠投資自己的未來。一代又一代的人雖然本身並沒有做錯什麼，卻深陷在這種沒有未來的迴圈裡。我的成長經驗告訴我，人生而在世不必如此；**我們可以決定不走這條路**，但我們不做決定，就只好走這條路。

我不辭職不行。

假如我現在寫的是小說，那麼接下來的情節一定是我從此再也不回那間辦公室。不過就像我先前提過的，我這個人搞不出什麼八點檔狗血劇情，所以那天後來的情形是我請了病假，隔天又再請了一天。就精神上來說，我確實病了。（也因為在太陽底下漫無目的走了一整天而晒傷，痛得不得了。）我和妻子貝姬（Becky）計劃好，我先在丹佛這個工作待上一段時間，一到有資格參加專業工程師考試就立刻辭職，即使考試沒過也絕不多待一天。同時我也申請研究所，

繼續鑽研水資源的各種知識，探索有何新方法能協助解決水危機。

　　我照著計畫走。北卡羅來納大學教堂山分校（UNC Chapel Hill）的環境工程學系是一些全球頂尖水資源專家的大本營，他們的碩士班接受了我的入學申請。另外，我在工程顧問公司待滿一年後不久，便提前兩週通知老闆我要離職。

　　我決定在聖伯爾納德教堂辦一個以水資源為主題的募款活動。當時是 1990 年的 11 月下旬，正逢感恩節，我便把活動名稱定為「水資源感恩節饗宴」。宏都拉斯有一個十分了不起的組織叫做 Cocepradil，他們與社區合作興建湧泉供水設施，而這次的募款活動就是要替該組織募款。我們的目標是募到足夠款項，資助 Cocepradil 為當地的埃爾利蒙（El Limon）社區提供

　　　　　　　　　　　　水的價值

清潔用水。這場募款活動全家總動員，就像一般慶祝感恩節時所有家人都會齊聚一堂那樣，我的家人親戚都來幫忙擺設餐點。我母親結束望彌撒之後，攔住每個人的去路，遊說他們來參加募款活動；她是我們第一位志工，也是績效最好的志工。多虧她大力協助，有 100 位親朋好友前來參加活動，遠超過我的預期。饗宴餐點由家族友人所經營的在地小店 Meissen's Catering 贊助，我也在現場播放我在天主教救濟會做過的水資源專案幻燈片。非常幸運的是，派特‧托賓（Pat Tobin）神父也來我們的活動致詞，他是堪薩斯市十分傑出的神職人員，德蕾莎修女（Mother Teresa）曾請他為她在印度的慈善姊妹會（Sisters of Charity）主持避靜（retreat）。那天晚上我們募到 4000 多美元，貝姬做了一張簽名布，讓每一位參加饗宴的人可以簽上大名，隔年我到埃爾利蒙瞭解供水專案的進度時，就把這張簽名布也帶過去給社區看。

饗宴活動成果豐碩，於是我們決定隔年還要在

堪薩斯市和教堂山各舉辦一場。我的幾位工程系同學也出面組成了一個理事會；尤其是我的好友馬拉・史密斯（Marla Smith），她顯然是最熱血的志工。我們兩個註冊了一個新組織，名為「安全用水國際聯盟」（International Partnership for Safe Water），簡稱 IPSW。（我們做工程的人實在不擅長取名字啊！）IPSW 的首屆理事會則由我們工程學系的幾位教授組成。

前方的願景令我雀躍不已。然而我也意識到，要在 1990 年代初期推動一個解決全球水危機的組織，就好比去參加一場派對，但派對上的所有人卻準備打道回府一樣。

現在大概很多人都忘了，又或者當時年紀太小所以不知道或記不得，但 1980 年代是一段在改善水資源和衛生環境方面大有可為的時期，聯合國特別將這段時期定名為「國際飲水供應和衛生十年」（International Drinking Water Supply and Sanitation

水的價值

Decade，以下簡稱「飲水十年」)；看來聯合國官員也不擅長命名。聯合國舉辦了無數次討論 60 和 70 年代發展議題的會議之後發現，無論探討的主題為何，譬如人口過剩、都市化或環境議題，對話總會回到飲水問題上。開發中國家僅有四成人口能夠取得安全飲水，有最基本衛生設施的人口則只有二成五，缺水是這些國家所面對的最大挑戰之一。[2] 每年粗估有 1500 萬名兒童因缺乏乾淨飲水而死亡。[3]

隨著開發中國家面臨的缺水危機喚起關注，可以清楚看到的是，健康的社會就跟人體一樣，迫切需要乾淨的用水。因此，聯合國大會在 1980 年所設下的目標是，這個十年計畫接近尾聲之際，世界上每個角落的人皆可取得安全飲水和衛生設施。

我是在「飲水十年」進行到一半的時候，開始在天主教救濟會工作的；能夠成為一分子共同為此議題努力，我感到十分興奮。這種工作我是第一次接觸，所以心中難免充滿理想，不過就連專家似乎都認為大

家可以解決水危機，即便無法在十年後的 1990 年解決，因為多數人覺得十年的目標野心太大，但也有機會在下一個十年達成。

坦白說，一開始我把終結水危機所要付出的努力，以及我在過程中所扮演的角色想得非常理想。還記得我當時曾想過，只要充分利用時間，就可以取得機師執照，到時候我就可以自己開飛機到需要工程師的任何地方，幫他們獲取清潔的用水。

沒多久，我便弄清現實。我走訪拉丁美洲各處亟需清潔用水的村莊，開始看到一些我起初覺得完全說不通的狀況：剛建好沒多久的先進水井，竟然已經壞掉而被棄置。

追根究柢，問題就出在這些水資源和衛生設施專案大多都是**替**在地社區而建，而不是與他們**共同**興建。

　　當時美國政府有很多計畫都請美國公司來設計鑿井工程、負責供應材料。美國國際開發署（United States Agency for International Development）基本上都把這些工作委外處理。在飲水十年期間，美國立法要求美國國際開發署必須用美國的包商來執行大多數的開發工作，其邏輯在於，如果美國要幫助這些人，那麼我們本身也要能從中獲得好處。即便到了 2000 年代，美國政府仍視此為德政，不覺得這項規定有問題。過去美國國際開發署的文宣資料也經常吹噓：「美國的國外援助計畫主要的受益者一直都是美國。國際開發署將近八成的合約與補助都直接給了美國的公司。」[4]

　　透過拉別人一把來幫助自己，照理說這種途徑創造的是雙贏，但實際上並沒有這種效果。（一位前美國國際開發署署長就坦承，他在開發署任職時這些由國會制訂的規章「最令他頭痛」。）[5] 因為光是鑽井還不夠；水井本來就是要經常使用的設施，但使用一

段時間之後，會開始出現損耗。假如水井是由美國公司用美國製造的零組件來安裝，那麼當地社區該如何修補？除非社區知道去哪裡找替代零組件，又有辦法向居民收取維修費，以便向海外特別下訂要換的零組件，而且有能力安裝該零組件，否則最後就是一個無法運作的水井擱置在那裡。當時多半沒有人注意到會發生這種狀況，尤其是在大家急急忙忙把水井裝設好的情況下。

所以很多水井損壞之後，就這樣任由它壞去。研究人員在這些供水工程完成的二到五年後進行調查，結果發現三到五成的設備都故障了。[6]

有些水井確實可以運作，但抽上來的是汙水。我在瓜地馬拉因為喝水生病之後，便設計了天主教救濟會有史以來的第一次水質研究測試。那天我想方設法要將所有測試設備和化學品（包括可燃物在內）帶在身上一起登機的情景，到現在還歷歷在目。當時我一直努力向安檢人員解釋，我需要這些東西才能在多明

水的價值

尼加檢測水質。他們望著我的眼神好像覺得我瘋了，不過最後還是准許我登機。

做了一系列測試後，結果令人震驚。一般來說，為了評測供水受到汙染的程度，必須先收集可疑汙水 100 毫升，然後將水放進過濾器讓細菌成長，再計算可見的菌落（bacterial colony）有多少，從這個數據可以大致判斷汙水到底毒到什麼程度。但如果水質嚴重汙染，菌落就會多到難以區分。如果出現這種情況，就會在報告裡寫上「TNTC」（too numerous to count），即多到數不清的意思。我們的檢測報告中就有非常多的 TNTC。

話說回來，即便是最理想的情況，也就是水井運作正常，抽出來的水也很乾淨，但如果沒有向社區宣導如何維護用水的清潔，那也得不償失。我們小時候就學到細菌會傳染疾病（新冠疫情期間又幫我們加強了這個觀念），學到把手洗乾淨可以擺脫細菌，但即便如此，還是經常可以看到有些人上完公廁後沒洗

手就走出去了。試想一下在你的社區，大家對於細菌會致病、洗手可洗掉細菌這種知識完全沒有概念，而且根本沒有洗手檯之類的設施，那會是多麼糟糕的情況。這些習慣造成可怕又出乎意料的後果，那就是花了龐大經費才獲取的乾淨用水，從水井裡抽出來後沒多久就被弄髒了。

新建好的廁所有很多也以失敗收場。坑式廁所往往又暗又窄、空間封閉，因此各位可以想像得到那氣味肯定難聞。一個難聞的地方要說它比較衛生，實在是違背常理，所以很多人覺得露天上廁所反而感覺更乾淨一點。因此，如果沒有人宣導露天便溺會導致疾病滋生，也會造成人的排泄物進入供水系統，那麼坑式廁所通常就會愈來愈少人使用。

飲水十年計畫剛啟動的時候，談了不少社區參與的議題。然而，真正和社區互動牽涉到的不只是和居民談話，而是要傾聽他們的心聲，這是需要下功夫的，尤其社區當地的工程計畫是由住在別國的人來主

導的情況下。另外，飲水十年一開始便趕鴨子上架似地在缺乏水資源的地區建好水井，雖然位在這些區域的水資源和衛生非政府組織大多都做了一點衛生方面的宣導教育，可是我們發現接收到這些宣導教育的民眾並不多。我替救濟會監督這些工程時，曾挨家挨戶問過民眾衛生人員曾何時到府上拜訪，他們卻狐疑地問我：「什麼衛生人員？」

有些組織願意開始面對這種問題，不過有些則擅於為自己辯護，這些組織即便不明說，也都可以感覺到他們抱持這樣的態度：**我們做了好事，改善了一些居民的生活，難道還不夠？**

就某種程度來說，會這樣想無可厚非，但如果將水危機當作是一種對社會正義的嚴重侮辱，而解決這個問題是我們世界的迫切責任，就能明白這種態度的不足。

後來我知道，現今所謂的「社會企業家」（social entrepreneur）和利用傳統慈善資助模式的人士不一

樣的地方，就在於他們的思維方式。社會企業家會不時判斷其解決方案是否能配合處理問題，對相應於目標所採取的行動做綜合評估。如果解決方案無法因應問題，他們就會盡快動員、擬定新的解決之道。只是在當時，社會企業家這個名詞尚未被創造出來。

我在 1989 年離開救濟會去丹佛工作，正好就在飲水十年計畫即將結束之際。記得飲水十年結束後的隔年，世界銀行（World Bank）有一位高層指出，飲水十年的耕耘「留了一杯半滿半空的水給這個世界」。[7] 這十年當然有值得慶賀的成果；拜關注增加及更明智的資助所賜，在 1980 年難以獲取乾淨用水的人口當中，有 13 億人到了 1990 年終於得償所願，另外也有 7 億 5000 萬人口首次有廁所可用。[8] 算下來的話就表示，這十年來的每一天都多了 36 萬人口有安全飲水可用，且每一天都多了 20 萬 5000 人口有衛生設施可用。人們總愛拿聯合國訂定的各種名號的日期、月分、年分和十年期開玩笑（別忘了在月曆

上找到 5 月 2 日，在上面標注「世界鮪魚日」），但宣告一個共同目標，然後為此動員起來，確實創造了改變。

然而，如果拿這些成果來審視的話，相較於 1980 年全球有 18 億人口無法獲取乾淨用水，1990 年仍有 12 億人口缺水可用。除此之外，沒有廁所可用的人口有 17 億，**這個數據幾乎和 1980 年的一樣**。怎麼會出現這種狀況？後來深入瞭解之後發現，這是因為我們所做的努力跟不上人口成長幅度的緣故。我們明明向前邁進了，卻沒有進展，這說來真是諷刺，甚至可以說違背常理。各國政府沒有資金可以擴大耕耘的力道。「用美國貨」這條原則產生了諸多浪費，因為這表示必須將昂貴的零組件運送到目的地，也必須買昂貴的機票將昂貴的美國工程師送到當地。除此之外還有其他全球性問題讓成本節節上升，包括工業化對環境的傷害加劇，導致找到乾淨水源的困難度和成本都增加，以及 1980 年代早期全球經濟衰退，造成許多

為世上最艱鉅的水資源挑戰尋覓解方　　　　　　**071**

政府和非政府組織沒有資源可以用來改善用水和衛生問題。

　　我們有充分的理由預見人口會持續增長，隨著聯合國對水危機的關注與金援耗盡，花了十年興建的水井也會一個接著一個損壞故障。飲水十年是啟動了輪軸，但輪軸似乎也隨著 1990 年的到來而停止了。

　　必須有人找出新策略來對付水危機才行。我們才剛組成小小的非政府組織，就自認是可以挺身而出、改變既定作業模式的人，聽起來是有點膽大妄為，但我這個人一向積極去解決問題，無論如何都會設法加以解決，不會執著於前方橫亙著哪些難題。我發現，如果想改變這個世界，就去做該做的事把眼前的障礙跨過去，跨過去之後又會出現下一個障礙，這個時候你就會漸漸琢磨出跨越障礙的方法了。

　　我是在很久以前讀高中時，第一次學到這個道理。當時學校的行政單位砍掉我們的足球課，我很失望，也不知道該如何扭轉他們的決策，但我還是不顧一切著手去解決。我先擬定好計畫和預算，結果竟成功排進學校理事會的議程，得以向他們發表我的簡報。簡報過後，理事會同意我的計畫，第一道障礙跨過去了！不過，他們不提供請新教練的經費。於是我這個高三生便負責訓練球隊。當教練的時候足球愛踢多久就踢多久，感覺真的太爽快了。

　　後來念大學的時候，我得知我們學校的前校園牧師在另一所大學開了一個學程，讓學生可以參加服務隊，到世界各地興建供水設施、學校和醫療設施等等。然而，興建工作並非易事，畢竟隊員全都是文理系的學生，他們其實需要一些工程方面的專業知識。於是我便創立了「國際技術支援學生工程網絡」（Student Engineering Network for International Technical Assistance，SENITA；我實在應該請文理

學系的學生來命名才對），號召其他學生來申請，請教授來指導我們，另外還找工程公司來贊助我們。我在前文提過的那趟瓜地馬拉之行，正是因為有SENITA 才能成行。

　　我對我們到了瓜地馬拉會碰到什麼樣的危險毫無概念。在當地我被一群流浪狗追著跑，還被咬了，不得不去打狂犬病疫苗針。後來就在我準備搭機返國的那天，瓜地馬拉有一架飛機墜毀了；我的家人悲痛欲絕，直到他們得知我不在那架飛機上。我母親設了一個規定，只要我平安回到學校，就要打叫人電話回家，指名找「查斯特」（Chester）通話。她接到後會告訴總機查斯特沒辦法講電話，那麼總機就會切斷通話，如此一來這通電話便不會向我收費，但是我已經成功將訊息傳給母親，讓她知道我已經平安歸來。而且她也不必撒謊，因為查斯特是我們家的狗，本來就不會講話。

　　總而言之，SENITA 動員期間沒有學生受傷，大

家努力的成果十分豐碩，當地的報紙和電視臺還來採訪我關於這門學程的事情。正是因為有了這些經驗，所以我在推動 IPSW 的時候便打從心底明白，對付大問題的最佳做法，就是別讓自己被問題嚇住，只要著手去處理就對了。

我們 IPSW 開始發想新策略來對付水危機，不過也許是福至心靈又或者常識使然，沒多久我們就把 IPSW 這個名稱改成 WaterPartners。挑這個名稱除了聽起來更為平易近人之外，也因為「夥伴」這個概念——專指與那些興建供水設施的在地組織合作，是我們新策略的核心。我們的夥伴都是土生土長的在地專家，他們十分瞭解如何開發在地水資源、如何設計出能由社區自行維護的供水設施，以及如何設法突圍向居民宣導衛生觀念。

當然，並不是我們想出了與在地組織攜手合作的點子，不過水資源及衛生非政府組織和在地水資源組織的合作，一直以來多半都是倉促行事，關係並不長遠。捐贈者和非政府組織並沒有下多少功夫去嚴格評估、找出最佳的在地夥伴，所以合作關係無法持久大概也是必然的事。如果不是在地夥伴執行不力的狀況，就是提供支援的非政府組織碰到令人興奮的新專案後就把資金轉走，讓在地夥伴無以為繼。

　　有鑑於此，WaterPartners 在這個領域來講，可以說比任何其他非政府組織更花心思去尋覓最佳的在地合作夥伴，與他們進行長期密切的合作。我們會審查 20 個團體，從中找出我們決定要合作的對象，所以評選過程充滿競爭；但如果某個團體成為我們認證的合作夥伴之後，只要該組織持續做出效益，就會是我們的一分子。

　　一旦我們覓得在地合作夥伴，就會和他們共同設計盡可能簡單的供水設施。不管是挖井、鋪設管線系

統或是收集雨水，我們都是透過手動幫浦或重力的力量來輸送用水，不採用複雜的電力幫浦。另外，材料和工人我們都是取自在地，倘若設施發生問題，他們就知道該如何修理。我們也和社區合作，請他們務必選出水利委員會來管理水井，而且一定要懂得如何向社區所有居民收取用水費用（通常稱為水費），以利供水設施的維護。

很多人覺得「社區參與」（community engagement）聽起來既溫馨又美好，但我們用嚴肅的態度看待這件事。還記得我曾經到海地某個小鎮參加慶典，那是我們合作夥伴協助興建的供水設施落成後的啟用典禮。現場備有很多茶點，樂儀隊正在表演。我們和合作夥伴跟工程領導人交頭接耳，詢問他們一些常見問題：誰負責向居民收取水費？收來的水費存在哪裡？有銀行帳戶嗎？一般情況來講，社區領導人對這些問題都有腹案，然而在海地小鎮這次得到的反應卻是一片沉默。我們談到設施本身，提出「這裡有誰知道該怎麼

操作閥門嗎？」這個問題，結果還是一樣，沒有人回答。

　　眼前這一刻太尷尬了（坦白說其實糟糕至極）。我內心有一部分想要慈悲一點，讓典禮能夠繼續進行下去，大家先不必尷尬，稍後再來控制損害。可是當我佇立在那裡考慮要這樣做的時候，我突然覺得慶祝一個大家都知道注定會失敗——意即不會實現對社區的承諾的供水設施，這並非慈悲的舉動，反而是一種高傲的表現，好像傷感情這件事比乾淨的用水還來得重要似的。無庸置疑，我們組織、社區領導人和在地合作夥伴還有很多工作要做，因此我們才聚了幾分鐘，在地的合作夥伴便扮起黑臉，去告知大家啟用典禮暫時延後，也把樂隊打發回去。

　　那個場面太尷尬了，想到那次事件我還是會忍不住心頭一縮，不過我們做的決定很正確。我花了很多時間反省自己過去睜一隻眼閉一隻眼放過的事情，因此決心未來行事一定要更加嚴謹周密。

　　謝天謝地，我們不必經常處理類似的場面。正如我先前提過的，就長期而言，供水工程成功的比率只有一半而已，[9] 不過 WaterPartners 合作的工程有高於九成的成功率，所以我參加過的供水工程啟用典禮通常都洋溢著歡樂的氣氛，而且這種喜悅之情並不會隨著典禮結束而消散。對這些社區的家家戶戶來說，供水設施徹底改變了他們的生活。婦女重新拿回自己的時間，她們可以去工作，不再只是運水的工具。除此之外，有更多的女孩可以上學，因經水傳染的疾病而死亡的兒童也減少了。

　　光是水本身，就能給人單純的喜悅。當社區總算等來乾淨的水源，看到水用起來既安全又不再匱乏時，居民起初還很猶豫，他們先潑了一點水在自己臉上感受那股涼爽，接著嬉鬧地對彼此潑水，再讓水流過雙手，並且興奮不已地對著水表達讚嘆。總是與壓力、疾病甚至是死亡脫不了干係的東西，如今搖身一變成為讓大家心曠神怡與解脫束縛的泉源。

我會帶著妻子製作的布條去參加這類的慶典；
她在布條上用西班牙語寫了 WaterPartners 的口號：
DEL AGUA PROVIENE LA VIDA。

意思是：「生命自水中泉湧而出。」

我知道水容易取得之後會給這些社區帶來新氣象，但
我沒想到的是，興建供水設施的過程竟然也會改變社
區的氛圍。我要再重申的是，這都是因為這些工程並
不是空降的美國工程師來到這裡清出一塊空間，挖出
一口井，然後就拍拍屁股走人，而是社區真正努力耕
耘的成果。在我們的支援下，社區自己動手興建和經
營靠重力流動的供水設施，這必須動員街坊鄰里共同
為了集體福祉而努力。這種共同承擔義務和共享機會
的感受，就是我希望也能在美國多多看到的東西。因
為興建這些供水設施不只是工程案而已，同時也是最

純粹的民主體現，對小鄉鎮的諸多居民來說，選出水利委員會是他們人生第一次的投票經驗。

　　能夠取得乾淨的用水，對社區的生活模式產生了大刀闊斧的改變，不是我們可以評測出來的（工程師就是愛測量）。其中一個最重要也最激勵人心的改變，就是女性角色所展現的轉變。缺乏乾淨用水一向對社區的女性影響最大，所造成的生活衝擊對她們來說是一種屈辱，甚至可以說是不公不義。女性的自主和權力因此被剝奪；俗話說得好，知識就是力量，但缺乏乾淨的用水害她們失學，害她們無法學習新知。金錢同樣可以帶來力量，可是缺乏乾淨用水害她們無法賺取收入。不過自從有了乾淨的水源後，女性的這種窘境出現了美妙翻轉。由於水歸**女性**負責，所以水利委員會有不少女性當上委員，甚至有些委員會的主席也是由女性擔任，這使得她們對社區最不可或缺的資源掌握了職權。有些女性會組織公共健康團體，確保水源絕對不會斷流。水的問題曾經剝奪了她們的權

為世上最艱鉅的水資源挑戰尋覓解方

力，現在她們靠水資源把權力拿回來了，如果你有機會跟她們說話，肯定能感受到她們的氣勢不可同日而語。我永遠也忘不了我曾經有一天問了某個全由婦女經營的社區團體，是否准許男性參加她們會議的情景。

她們回答我說：「當然可以，只要這個男人閉上嘴巴、坐在最後面就沒問題。」

WaterPartners 的進展令我雀躍，但是經費這個大問題始終橫亙在前方，阻礙我們的去路。

一直以來我都喜歡動手做事勝過於走到外界跟別人談我們的工作，演講和接受訪談這些事情令我十分頭疼，站上前去請別人把他們辛苦賺來的錢交給我們，對我來說更是特別艱難。不過我知道我不能不做，籌措資金對非政府組織來說是攸關存續的問題，

所以每當我碰到需要鼓起氣的時候，就會想起我最愛的一句名言：「好人若是什麼都不做，壞事便會四處蔓延。」這句話可以賦予我動力，讓我能夠繼續大聲疾呼，久而久之，我在這方面也開始表現得有模有樣了。

我們剛起步時，將堪薩斯市和教堂山的饗宴活動擴展到美國其他城市，再搭配郵寄文宣品請求募捐，成長速度很緩慢。後來成果逐漸展現，我們試圖取得基金會之類的大型投資單位的支持。有一次，某位捐贈者開了一張 2 萬 5000 美元的支票給我們，令人不敢置信，那是我們前一年募款總和的五倍。

隨著資金進來，我們得以專業化運作。我們蓋了第一個總部，不過這樣說好像有點浮誇，其實所謂的總部就是指我和貝姬在教堂山住處的二樓加蓋，跟辦公室差不多。另外，我說我們蓋了總部，並不是找承包商來施作，而是某個星期六請一組志工來我們家，把房子的屋頂拆下一半，隔出了這間辦公室。還有，

我是有領薪水的，月薪是 100 美元。由於當時正是
網路流行起來的時候，我們也架設了網站，我突發奇
想註冊了一個我覺得可以直接點明重點的網域名稱：
water.org。

　　到了 1998 年，WaterPartners 已經募到 25 萬
美元。對每一分錢都要設法挖出來的人來說，這是一
筆大數目。其實有一個最簡單的方法，可以進一步衝
高我們的資金，那就是申請政府補助，可是我不想走
這條路。或許是因為當我回頭看 1980 年代的水資源
與衛生發展情況後，我對這個領域已經幡然醒悟。我
覺得拿了那些補助的話，即使別人的指示有誤我們也
必須聽令行事，不能尋求更理想的做事方法。我希望
WaterPartners 可以掌握自己的未來，所以我們找的
一直都是私人捐助。

　　歌手珠兒（Jewel）是給我們帶來超級好運的人
之一，當時她也來到生涯的顛峰。各位沒看錯，正
是那位珠兒，那位演唱《誰會解救你的靈魂》（Who

水的價值

Will Save Your Soul）的珠兒，在 1990 年代中期她出了當代最暢銷的首張專輯之一。珠兒成長於阿拉斯加，她家沒有自來水，只有房屋外頭的後方有一間廁所。我的好友馬拉聯繫到珠兒，所以我從她那裡得知珠兒對水資源與衛生的議題有興趣。珠兒同意與我們會面，後來我們漸漸和她的組織 Clearwater Project 建立了絕佳關係。最後在三年的時間內，她總共捐了 40 萬美元給 WaterPartners，對此我們無限感激。這種持續穩定的資金對非政府組織來說就像救命索，我們得以預先規劃並且做明智的投資。

接著就發生 Napster 的侵權事件了。如果我們有請管理顧問（不過我們沒有）來評估什麼因素會對我們的預算造成最大威脅，那麼顧問擬出的清單上絕對不會有音樂盜版網站這一項。可是 Napster 允許大家免費下載音樂，把整個音樂產業搞得天翻地覆，傷害了許多歌手藝人，突然之間，珠兒的錢——連帶珠兒提供給我們的資金——都沒了。事實證明，Napster

不只顛覆了音樂界，也對一個小型非政府組織的預算造成嚴重衝擊，迫使我跳上老舊的休旅車，開著它走遍國內各地，帶我們既有的捐贈人去吃晚餐，請求他們再次慷慨解囊。

Napster 造成的資金缺口後來終於有一位叫做懷妮特·拉布羅斯（Wynette LaBrosse）的女士補上了，她和丈夫是 Finisar 這家科技公司的共同創辦人。這一趟募款之行走著走著，有人安排我在帕羅奧圖（Palo Alto）和懷妮特用晚餐，她捐了一筆款項，至少彌補了我們從珠兒那裡失去的金援。

只是沒多久，這筆資金也用罄了。

接著麥可與蘇珊·戴爾基金會（Michael and Susan Dell Foundation）出手了，提供我們有史以來最大的資助。

有得必有失，有失必有得。

然而，這些年來即使捐款確實有成長，但始終感覺不夠用。有這麼多出色的專案等著開始，這些專案現在就可以改變人們的生活，我們又渴望能資助這些專案，但我們沒辦法行動，因為巧婦難為無米之炊。

當時我將經費不足視為 WaterPartners 的問題，認為若是能提升我們的募款技巧，說不定就可以解決資金問題，當然我說服別人的口條也應該再加強才對。不過現在的我回過頭去看，發現當時碰到的困難點，其實正是指出了籌資的難處不僅僅只是表面那樣，而且問題之大遠超過我們的理解。

以現今最精準的估算來說的話，當時大概每年要花費 1140 億美元並持續十年才能解決水危機。[10] 至於目前，每年用在水資源與衛生環境的發展援助費用總共就已經超過 284 億美元。這樣算下來便可預見，未來十年解決此問題的費用將短缺 **5000 億美元**。[11]

《紐約時報》（*The New York Times*）撰稿人大衛・伯恩斯坦（David Bornstein）曾說，靠慈善事業提供挖井工程來解決水危機，就「好比試圖用『認養公路』的模式解決全球的運輸問題。」[12] 換句話說，祝好運嘍！

　　當你體認到自己的方法注定會失敗，一定忍不住覺得崩潰；但話說回來，這樣也很刺激，因為這會迫使你用新的角度去審視熟悉的問題。你會因此打開眼界，有所突破。

3
Chapter

大構想

身為工程師的我，本能以為重大突破會隨著某種技術革新而來，結果我後來的經驗卻非如此。我是在 2003 年到印度海德拉巴（Hyderabad）實地考察時，和當地一位住在貧民窟的婦女談過話後，思維有了重大突破，進而顛覆了我對水危機的一切認知。

我很懊惱自己忘記那位女士的名字，當時我沒發現與她的一場談話竟會如此意義非凡，不過她的形象面貌我還是描述得出來。這位婦女已經上了年紀，如果要我猜的話約莫 70 來歲，可以明顯感覺到她在做某些動作時會令身體痛苦不堪。她居住的貧民窟位在布滿岩石的山坡上，那山坡之崎嶇和陡峭一定會嚇到

真正的房地產開發商。如果從遠處看貧民窟那些簡陋小屋，會覺得它們好像是一戶疊一戶往上蓋的。

貧民窟沒有公共廁所，小屋裡也沒有廁所，所以住在這個社區的人習慣上會走下山坡，到山底下的鐵軌附近解放，讓排泄物離家遠一點。

男性只要有需要，一天當中不管什麼時候都可以下山去解決需求，但社區女性會擔心隱私問題，部分是因為害怕的緣故。印度在女性遭受性暴力的盛行率是世界排名第一，非性暴力盛行率排名第三，而無法使用廁所的印度女性被陌生人性攻擊的機率則高出二倍。[1、2] 有鑑於此，女性通常只會在夜色的掩護下解放，這往往意味著她們整個白天都必須憋尿或忍著便意，並且限制攝取的食物量和飲水量，才不至於憋得太辛苦；然後等到夜半時，在沒有街燈和手電筒當照明的情況下，沿著滿是石塊的山坡一路爬下山。

不管是誰來爬這樣一段路都很危險，但是就我認識的這位老太太來說，這段路還導致生理上的疼痛，

因為她的身體已經不堪爬上爬下，於是她在家裡安裝了馬桶。我問她是怎麼辦到的，畢竟在印度安裝馬桶往往要花上數百美元，窮苦人家很難存到這麼多錢。她解釋說她去申請貸款，還告訴我每個月要還多少貸款。

我算了一下她的貸款利率，回去之後我又再算一次，因為我覺得自己一定是哪裡算錯了。幾年前我貸款買一間房子，利率大概是 5%，這位老太太的貸款金額跟我的比起來根本是小巫見大巫，但是她的利率竟然高達 **125%**。

怎麼可能？基本上我沒有碰到什麼困難就貸到一筆相當多的數目，買下一間帶有三間衛浴的房子，然而這位老太太只是想安裝馬桶好終結每天爬上爬下的痛苦，卻不能像我一樣找到願意貸款給她的金融機構，所以她只能任由高利貸業者宰割。

在回國的飛機上，我思緒難平。為了水資源和衛生議題而奔走的人──包括我在內，看到貧民窟那位

老太太之類的受苦民眾被高利貸剝削，竟以為他們需要的是施捨。對此，我們作為非營利性組織應該要明察秋毫，為他們尋求解決之道。但坦白說，我們在這方面做得相當不足，動作也慢得令人心焦。

　　然而我從這位老太太身上看到，她不需要等待別人來馳援，替她解決用水和衛生問題；她需要的其實是有人願意**投資**她，讓她有機會自行解決這些問題。

我稍後會深入說明我有了那番領悟之後採取了什麼行動，不過首先我想告訴各位那天我和貧民窟老太太的對話突顯的一件事，這件跟水危機有關的事情你必須知道，那就是，生活貧困的人為了取得用水所付出的代價高得離譜。事實上，窮人花在用水上的錢遠遠超過中產階級要付的自來水費，不管我們談的是都市還是鄉下地區，不管是水資源豐富或缺乏的區域，都有

這種現象。

　　貧民窟居民大多都是向運水車買水。不妨把運水車想像成龐大的水資源黑市，或者就某些情況來講，是一種灰色地帶的市場，因為運水車往往有當地機關的護航，他們把運水車視為轄下社區唯一能取得用水的管道。

　　不管是黑市還是灰市，窮人的背後能挖的利益非常多。窮人被迫付給運水車的買水費，是 10 倍到 15 倍於那些家裡只要一打開水龍頭就有水流出來的人所付的水費。孟買的運水車載來的水就貴了 **52 倍**[3]，此外，我也見過花二成收入去買水的人。以美國平均每個家庭收入是 6 萬美元來計算的話，這表示每年花在買水的費用是 1 萬 2000 美元；即使把冰箱塞滿依雲（Evian）罐裝礦泉水，一天喝個幾公升，也都比窮人的水費便宜。對窮人來說，買水非常傷本，但又不得不花，因為這攸關生存。有一位向運水車買水的婦人是這樣說的：「無論開價多少，我們都付，我們別無

水的價值

選擇。」[4]

　　同樣也是在這些地區，沒有錢裝設馬桶的家庭有時一天必須自掏腰包數次去上公共廁所，算下來一輩子花在衛生設施上的費用遠比直接裝一個馬桶昂貴太多。有些不想花錢使用公廁的人就露天便溺，但就如我先前提過的，這種行為會汙染他們高價買來飲用的水源。正是因為如此，這裡的社區居民被迫負擔另一種支出，那就是醫療費用。某些貧民窟的居民去一趟醫院就要花上將近 15 美元，這在一天只能賺兩塊錢的地方來講，等同於比一星期的薪水還多。

　　窮人要付出的代價太高昂。

　　我們把這種花費稱為「治標成本」（coping cost）。全世界每天都會損失龐大的治標成本，這種成本絕大部分是因為最窮困的人沒有資金可以運用更永續的解決方案所致。

　　其實，上述數據還算低估了，因為治標成本不只是金錢方面的付出，還包括了時間成本在內。我研究

所的論文正是以此為主題，我想算出因缺乏清潔用水和衛生基礎設施而浪費的勞力成本——基本上浪費的幾乎都是女性勞動力，因為取水的工作通常由她們負責。我帶了一組研究人員到宏都拉斯首都德古西加巴（Tegucigalpa）的貧民窟，並請每位研究人員各自負責一個公共水龍頭，他們實地走一趟，記錄居民從走路到這些水龍頭、等水裝好再走路回家這一趟總共要花多少時間。接著，我們再以當地薪資標準來判斷浪費的勞力的實際價值，然後把安裝水龍頭的成本和每個水龍頭可節省的勞力價值做比較，計算出這個城市應該設置幾個水龍頭。研究結果發現，這座城市的每一戶家庭都應該裝水龍頭。

居民花了一整天走路去裝水、站在那裡等候，就只是治標而已；他們花數小時扛水，就只是治標而已；他們用高價買髒水，就只是治標而已；他們支付後續產生的醫療費用，就只是治標而已；他們支付高到離譜的利息給高利貸業者，就只是治標而已。全世

界每年人們為了治標所投入的成本是 **3000 億美元**，瞭解這一點之後，就不會再將水危機視為慈善事業的援助領域，反而會開始覺得這是市場失靈的問題。在這個系統裡是有經費的——系統內的經費很多，但是都被揮霍掉或配置不當。如果可以重新調整這些治標成本，讓它從沒有前景、只是權宜之計的短期解決方案，譬如向運水車買髒水，轉變成利用更符合經濟效益的永久性方案，比方說家家戶戶都接自來水，那麼人們可以做更多事，不只是應付眼前的狀況而已，人們可以反抗或有朝一日能跳脫這些困住他們整個人生的處境。

我花了十年以上的時間努力說服美國人投資，主要是為了終結水危機；然而最樂意又最有能力投資的人其實一直都在我眼前，在我實地去走訪各地時就看得

到，只是我沒能看明白。

　　突然間我的構想就這樣成形了，而且理念很簡單。假如窮人可以成功申請到一小筆適當的貸款，就能利用這筆貸款去尋求更長遠的解決之道，而原本的治標成本就可以拿一部分來還貸款。

　　為什麼要貸款？何不直接把錢送給他們或補助他們？這樣問也合情合理，只是從我從多年募款補助各種工程計畫的經驗來看，答案昭然若揭——給錢是無底洞。一旦把錢送出去，它就永遠消失，你又回到了原點、從頭開始。而貸款的一大重點就是會有還款，貸出去的錢償還之後，同一筆款項又可以借出去幫助另一個人，如此延續下去。跟同樣數目的補助款比起來，小額貸款可以用這種方式對更多的人有更多的幫助。

　　我一想到這個構想，就覺得理所當然應該如此，而這種感覺對工程師來說往往是個好預兆，因為一般來說，設計的東西愈是簡單，它成功的機會就愈大。

然而，也有可能是危險的徵兆，畢竟如果這是一個顯而易見的構想，那為何不見有人用這種方法呢？水資源和衛生議題領域的金融脈動又不是什麼天大的祕密，我在教堂山分校的研究所課業對金融的重視和工程是一樣的。此外，我念的學系有很多研究關注人們付錢取得水資源和衛生服務的「意願與能力」，也都是由世界銀行資助的。學術界的想法是，透過研究和分析，有助於針對水危機找出金融導向的新型解決方案。

　　所以我思考得愈深入，就更加確信這個構想一定行得通，但是有此頓悟的當下我並沒有大喊「我找到了！」因為或許有什麼蹊蹺之處，某種我沒注意到的地方也說不定。我打算連結我所受的學術訓練實際做測試，然後建立實證。

　　我們的初步嘗試證明，事情要成功並非易事。我們在肯亞有一個非政府組織夥伴捧著厚厚一大疊社區水資源工程的申請表，那些工程根本不可能在合理的

時間範圍內找到資金來進行。因此，我們在 2003 年試用一種新做法；我們把資金借給一些非政府組織，他們再貸款給社區。需要水資源的村鎮當然可以繼續等待免費興建的水井，但可能要等上數年或甚至數十年；又或者他們可以馬上就開鑿水井，只要他們願意在水井完工開始運作之後，慢慢將工程費用還清。這理論上是可行的：一旦水資源工程結束，社區居民就不必再花治標成本，居民可以取得用水之後，村鎮便可向他們酌收水費，著手還清貸款。

有一些社區決定申請貸款，但接下來就發生一場災難——或者應該說一連串災難。事情從一開始就出了錯；我們在某個村莊安裝的供水設施需要電力才能運作，但是輸電線的鋪設卻一延再延。類似這種工程上的延誤非常多，在開發中國家來講屢見不鮮。然而，貸款開始收利息了，但社區無法收取還款所需的費用，畢竟在水還沒來的情況下，他們沒辦法向居民收取水費。最後，社區換新的一批人來主掌供水設

施，這些人不覺得有還款的義務，因為他們認為當初並沒有訂貸款協議，另外就是反正我們和非政府組織夥伴以前都是把供水設施免費贈與**其他**社區，那他們為什麼非得付錢不可？他們一旦拒絕付款，我們又奈他們如何？我們和合作夥伴沒有多少法務資源可以在肯亞強制執行協議。

結果到最後，借出去的錢只能回收一半。我們這才體認到，特別是在極端貧窮的地區，貸款業務真的非常不容易做，你必須讓居民把你當作一個**必須收到還款**的實體單位，然而這對非政府組織來說向來很困難。此外，你必須有豐富的專業知識才能評估風險、將風險納入考量，並且採取任何可以降低風險的作為。說到這一點，WaterPartners 和合作夥伴都不具備這種專業知識。

我們 WaterPartners 的辦公室很快就有了新的座右銘：**非政府組織不能變成銀行。**

個中蹊蹺，我們找到了。

當然，失敗絕不好受，但這次的失敗卻讓我們有前進一步的感覺。想要除掉阻擋夢想實現的障礙，就必須先把障礙找出來。現在我們已經明白，我們其實不懂該如何在這些地區執行可長久持續的貸款業務，那麼下一個理當要問的就是：誰可以做到呢？

　　在這個問題的答案背後，有一個非常精采的故事，所以請容我花一點時間帶各位回到 1976 年孟加拉南方的某個小村莊。當時有一位年輕的經濟學教授來到這個社區進行研究，他的名字是穆罕默德‧尤努斯（Muhammad Yunus）。各位應該聽過他大名，數年後他因為那一天在小村莊開啟的工作獲得諾貝爾和平獎。

　　尤努斯此前數年看到孟加拉遭受嚴重的飢荒問題，便決心致力於減少貧窮，所以他才會來到這個村

莊和社區最窮的居民懇談。一開始他先和一位以做竹製家具為生、名叫蘇菲亞（Sufiya）的婦女談話，她告訴尤努斯，自己一直沒有足夠的錢買原料，當地某個小販便借她竹子，然後她再把做好的家具賣還給他作為交換。小販一定只會付給她剛好夠她生活過得下去的錢，但不足以讓她存到錢自行買竹子。尤努斯覺得蘇菲亞的處境跟奴隸沒兩樣，這全都是因為沒有人可以提供她合理的貸款，讓她有能力買竹子，打破依賴小販的惡性循環。他在走訪這個村子期間，聽到很多類似的故事，因此他要求一位研究助理把村子裡碰到類似狀況的人找出來，並分析這些村民需要多少貸款才能掙脫枷鎖。

一週後，助理交給尤努斯一張名單，上面列出42 個人，他們需要的貸款相當於 27 美元，而且不是每個人分別需要 27 美元，是所有人加起來總共需要這些錢。「天哪，我的老天爺，」他說，「就因為沒有27 塊錢，這些家庭過得如此不幸！」他把錢交給研

究助理，要她拿去借給那些需要用錢的人，並請他們有能力償還時再還給他，他不會收利息。[5] 於是尤努斯有了 42 位債務人，每一位債務人都在一年內把錢還清。[6]

尤努斯當然不可能有雄厚的資本可以做大規模放款，所以他跑去當地銀行詢問能否推動這種「小額貸款」。銀行行員聽了之後忍不住覺得他的想法太荒謬。行員說，窮困的村民恐怕連自己的名字都不會寫，況且又沒有擔保品，銀行怎麼可能核發貸款給他們？[7] 尤努斯跑去找更高層級的主管，協商出一個解決之道：只要尤努斯當保證人，銀行就核發貸款。於是接下來這一年，這位教授就以個人名義替村民提出的每一筆貸款申請簽名作保。穆罕默德‧尤努斯找到重大線索了！

尤努斯把他的非正規操作模式拓展到兩個村鎮，接著又逐漸擴及到 100 個，直到他決定自己成立銀行。孟加拉政府和中央銀行抱持的想法和那些銀行行

員一樣，認為極端貧窮的人民永遠都還不了貸款，但尤努斯跟他們經過兩年的密集交涉後終於獲得批准，成功創立「鄉村銀行」（Grameen Bank，或稱格萊閩銀行）。有了這家銀行之後，他想出新方法降低貸款給窮人的風險。比方說，鄉村銀行把貸款拆成更小筆的金額並增加分期還款頻率，協助組織貸款人團體以利彼此提供建議與支援。此外，銀行也會每週派員到社區回答民眾提問並收取還款。[8]

　　這些策略發揮了效果，鄉村銀行在 20 年內將業務拓展到孟加拉的 4 萬個村鎮，貸款給 2400 萬人，其中九成五是女性。對這些女性來說，光是申請貸款這個行動就讓她們得到自主的感覺。誠如羅西妮‧潘德（Rohini Pande）和艾瑞卡‧菲爾德（Erica Field）兩位教授所指出的，貧窮婦女或許會認為這「大概是她們生平頭一遭和家庭之外的世界交流，以及和其他女性交流，這一點也格外重要。」[9]另外，顛覆性的改變會隨之而來。孟加拉貧窮家庭的兒童往往無法受

教育，但是鄉村銀行客戶的每一位兒女現在幾乎都可以上學了。該國 1997 年舉行的市政選舉，就有超過 2000 名鄉村銀行成員被選為當地政府官員。[10]

這個故事真的太奇妙了！無庸置疑，穆罕默德‧尤努斯就是我心目中的英雄。事實上，世界各地有很多人把他當英雄看待，也就是那些在他的幫助之下扭轉人生的人們，以及那些應用他的小額貸款模式來解決各種疑難雜症的組織。鄉村銀行成功之後，許多組織紛紛以該銀行馬首是瞻。我在天主教救濟會任職期間，就親眼見證了微型貸款（microfinance）的成長。到了 2003 年我在印度貧民窟和那位老太太談話之時，世界上已經有超過 1 億的人使用微型貸款。這個產業在起源地孟加拉以及鄰國印度的表現尤其強勁。

機緣巧合，微型貸款真正起飛的時間點大概就是 WaterPartners 開始尋覓在地貸款合作夥伴的時候。聯合國宣布將 2005 年訂為國際微型貸款年

　水的價值

（International Year of Microfinance），全球的微型貸
款市場從 2004 至 2006 年成長了一倍。[11]

　　2006 年，尤努斯獲頒諾貝爾和平獎，文告中是
這樣說的：「貸款給經濟不安全的窮人看起來是不可
行的構想，然而尤努斯 30 年前從最簡單的做起，現
在主要透過鄉村銀行將微型貸款發展成抗貧行動中日
益重要的途徑。」

　　從很多層面來看，微型貸款機構（microfinance
institution）──或者簡稱 MFI，因為太常提到這些機
構，沒辦法每次都講全名，所以我們開始用這個簡
稱──對我們而言堪稱是絕佳合作夥伴。他們集中心
力在水危機肆虐的區域，同時也懂得如何在艱困環境
下做永續性的貸款業務。此外，儘管我們組織和這些
機構的能力不同，但彼此的目標卻是一致的：MFI 也

像我們一樣重視社會利益更勝於獲利。

所以，我又不斷思考：水資源和衛生設施的貸款業務明明沒有理由做不起來。

很快我就發現，與 MFI 的合作有兩道障礙橫亙於前。

第一道障礙是 MFI 不貸款給整個社區，只給個人或小團體。這也是 MFI 的策略核心，因為他們知道除非居民對貸款這件事真正抱有責任感和歸屬權，微型貸款才有可能發揮功能，而這種責任感和歸屬權只有在貸款者是個人時最有可能產生。（當然也可以借給機構，但必須是健全且管理良善的機構，這樣他們才能識別和控管各種風險。）換句話說，在還款義務並非由數百人分攤的情況下，貸款者深刻感受到有還款義務的機率會更高。

然而，WaterPartners 一直以來提供的水資源和衛生設施解決方案，所適用的對象都是整個社區，而非個人家戶。況且，如果說要更有效益地觸及更多

居民最理想的做法是找出「適用對象較少」的解決之道，聽起來也違背常理。不過，從我們在肯亞核發第一筆貸款之後的經驗來看，我們明白 MFI 的做法是正確的：貸款給沒有還款責任心和動機的弱小在地機構，往往以失敗收場。另外我們很快也發現，原來有很多個人家戶可以用通常在 50 到 500 美元不等的微型貸款，解決水資源和衛生設施問題。[12]

淨水和汙水管線往往就從貧民窟居民的腳下經過，可是他們沒有能力接通這些管線。不過拿到微型貸款之後，他們便得以支付接管費，再裝設水龍頭和馬桶連接到城鎮的自來水系統。在沒有公共自來水系統覆蓋的鄉間地區，民眾可以裝設雨水設施或挖鑿小型的家用水井來取得用水。至於衛生方面，他們可以用貸款蓋坑式廁所和化糞池，汙水就能在安全地在地底下分解，然後再定期清空化糞池，便可繼續使用。這些皆是微型貸款可以資助的實用解決方案。我深信家家戶戶都會想申請貸款做這些處置──只要我能說

服 MFI 提供貸款給他們的話。

但是，還有另一道障礙阻擋我的構想，而且這個障礙問題更難克服。

　　我開始打電話給未曾接觸過的 MFI，探詢他們是否有意願與我們合作，核發水資源與衛生設施方面的貸款業務。先澄清一下，我並不是拿起印度的電話簿隨便翻到哪家 MFI 就打給他們，而是特別從我認識的人推薦給我的 MFI 著手，這些人都曾貸過款來創業做生意，譬如做衣服或製作手工藝品等等。所以說，他們推薦給我的 MFI 都是受到貸款人認可的機構，這個背書相當重要。我收集到一張 MFI 的名單後便開始打電話，接著我終於明白為什麼人家說打這種電話「很冷」。第一家聯繫的 MFI 表示沒興趣，第二家也一樣，就連第三、第四家 MFI 也沒有意願。我心裡有數

了。

　　我想很多人碰到這種情形一定清楚是什麼意思，然後就不想再打電話了。不過我這個人很執著，就像狗咬著骨頭就不肯放下來一樣。如果沒有把所有的原因和假設都研究透徹，便撇下某個難題或甚至是一場討論不管就此離開，這我辦不到──問問我的妻兒就知道！約莫在十年前，我的膝蓋軟組織出現撕裂傷，醫生直接告訴我必須動手術，而且就算動了手術，我也不能再跑步了。由於我經常全球走透透，所以動手術的時間必須延後，我開始思考是否有手術之外的做法。大概就在這個時候，我發現自己發福了，身體質量指數（BMI）顯示我已經超重。於是我設法減重了幾公斤，做一些強化運動，然後有一天心血來潮，我試著跑步看看。跑起來覺得沒什麼問題之後，我就開始多跑一點。到了後來，我決定進行馬拉松訓練；目前我已經跑完兩個馬拉松，而且完全沒去做醫生建議的那個手術。

簡單來講，我不會因為聽到幾次對方說「沒興趣」就被打倒。我繼續寫電郵，有時候乾脆直接出現在 MFI 的大門口。這些事我做了一年，接觸了一家又一家 MFI，但沒有一家願意做水資源和衛生設施的貸款業務。不過，他們至少客氣地告訴我理由：因為提供水資源和衛生設施的貸款不會直接產生收益。我一再聽到 MFI 這麼對我說。後來我有機會和穆罕默德‧尤努斯談到此事，結果連他也勸阻我。他向我表示，那些 MFI 說得沒錯，水資源和衛生設施的微型貸款不可能成為大規模的解決方案。 2000 年代初的 MFI 把微型貸款視為投資小生意，而不是用來改善生活條件，所以要求 MFI 發放水資源和衛生設施的貸款，就好比請創業投資人提供你房貸一樣，他們真的不做這方面的業務。

說句公道話，MFI 會如此看待水資源和衛生設施貸款是有充分理由的。尤努斯剛開始推出微型貸款的時候便知道，窮人沒有抵押品辦貸款，也沒有信用分

數可以幫助銀行預測他們還款的機率。開發中國家的
MFI 沒有工具或數據可用來判斷民眾有無能力負擔貸
款，所以他們會認真聽取申請者打算如何運用貸款。
舉例來說，貸款人員和一位想要申請 50 美元貸款的
婦女見面，這位婦女打算購買縫紉機做衣服來賣。她
說明她計劃賣一件裙子賺一美元淨利，而她每天可以
做三件裙子，這樣的話，用 50 元資金每個月便能產
生 90 元利潤。從銀行的眼光來看，這位婦女就是優
質的投資對象，因為她還款的能力與機率非常大。

但如果這位婦女申辦貸款的目的是想蓋廁所，
那她要用什麼辦法來還款？MFI 對水資源和衛生設施
背後的市場脈動瞭解不多，所以沒辦法得知這個問題
的答案，況且他們也完全沒興趣瞭解這方面的事情。
事實上，他們反而更執著於所核發的貸款必須產生
收益。2000 年代中期，微型貸款市場百花齊放，卻
製造了負債過多的反效果，民眾必須賣掉房子或典當
糧食配給卡才能還款的事情時有耳聞。[13] 此外，也

有放款人員在言語和肢體上騷擾貸款人，奪取其財產，跑去貸款人的住處外面靜坐抗議，公然羞辱他們。[14] 2010 年，印度的安德拉普拉迪什邦（Andhra Pradesh）關閉該區的微型金融產業，因為當局發現短短幾個月就有超過 80 位拖欠償還微型貸款的民眾自殺。[15]

由此可見，某些地區的微型貸款業務成長過快，銀行人員做過頭，來者不拒地放貸，到後來又怪罪受害者（也就是貸款人）不還錢。在印度政府中央銀行的鞭策之下，這個體制花了一些時間才擺脫壞了一鍋好粥的老鼠屎。但即便是「好粥」，經此經驗的磨練之後，也決心用更嚴謹的態度來審視核發的每一筆貸款、貸款對象和貸款理由。

穆罕默德・尤努斯有一句名言：「每一個人生來都是創業家。」[16] 但是這句話我愈想愈不認同它的假設，以為任何人只要有一點創業資金在手就能開始做生意，邁開步伐走上自給自足之路。因為追根究柢，窮人無法翻身的原因有很多，缺乏創業資金只不過是其中一個原因而已。請再想一想那些每天忙著取水的數百萬女性，她們其實沒時間可以創業。又或者想想因為水不乾淨而飽受病痛折磨的數百萬人，他們根本沒辦法拖著病弱的身體去做小生意。

假如從這樣的角度去看，就不難明白為什麼長久下來，研究報告會指出微型貸款並不像發展經濟學家指望的那樣，是能打破貧窮惡性循環的強大工具。人類的某些需求——即基本需求，應該先被滿足，再來談用貸款創業。MFI 基於我先前解釋過的理由，在幫助人們滿足基本需求這方面看不到自身能發揮什麼作

用。然而，有一件耐人尋味的事情就在 MFI 的眼皮子底下發生，可是他們卻沒發現。其實多年來，他們的客戶一直默默把貸來的錢用在最急用的地方，譬如學費、醫療費用、居家修繕，以及其他跟做生意無關的事情上，說起來這些大多都違反了貸款條款。反制微型金融的期間所做的新近研究，就揭露了這種情況的存在——其中有一個 2008 年進行的研究指出，印尼一半以上的貧窮家庭申請微型貸款後，最終把錢用在無關生意的事務上。[17]

　　起初這種現象被視為失敗，是一種對微型金融業的控訴。然而，這實際上會不會就是該產業最重要的功能之一呢？在某些情況下，民眾用貸來的錢解決了燃眉之急，比方說買藥給生病的孩子服用或是帶食物回家。無數的非營利組織投入無數金錢要滿足這些需求，但效益卻比微型金融還差。再者，將貸款挪作他用的方式也指明了 MFI 一直以來對「產生收益」的定義有多麼狹隘。假如一個生病的人在還沒惡化成終身

水的價值

殘疾之前就獲得治療，那麼這個人賺取收入的能力想
必一定會提高（進而有辦法償還貸款）。還有就像我
們 WaterPartners 一向主張的，要是某個人家裡裝了
水龍頭，從此不必一天花四小時去打水，那麼她就多
了半天的時間去做可以賺錢的工作。或許裝水龍頭這
件事不能直接產生收益，卻可以間接推動機會的良性
循環，這是無可爭辯的。

　　MFI 若是可以容許貸款人把錢用來解決自身最迫
切的需求，而非慫恿他們過度借貸，那麼這或許就是
微型金融業最大的貢獻。

TED 大會還沒聲名大噪之前我就曾去過，也因為那場
在加州蒙特里（Monterey）舉行的 TED 會議，我才
會有信心一直推動這個理念。

　　我聽人說過讀工程系學的就是如何思考，但我卻

是從我的「TED 大會入門」真正學到如何用不一樣的角度去自由開闊地思考。TED 的宗旨在於培養好奇心，找尋看待挑戰的新方法。我參加其他類型的會議時，覺得身邊都是像我一樣的人，我也一向樂於身處在工程師之間，不過到了 TED 這個大會，講求的卻是把表面看起來與你日常工作無關的構想連結起來。這是個非常棒的訓練機會，可以學習到如何利用各種不同的觀念來創造全新的點子。

參加 TED 大會時我認識了史蒂文・約翰遜（Steven Johnson），他寫了一本精采的著作，書名是《偉大創意的誕生》（*Where Good Ideas Come From*）。我從這本書讀到一個重點，那就是沒有所謂真正原創的構想，每個好構想都源自於別人的某個好構想。因此我開始想明白，原來我們 WaterPartners 所做的事情，也就是向尤努斯的概念取經，再將這些概念和水資源及衛生設施領域的市場現實狀態相互整合，其實正是符合了創造顛覆性構想的既定模式。

　　我也從 TED 學到一個道理，串連出一個好點子是一回事，但說服別人相信這個好點子又是另一回事，這兩件事要用到的能力完全不同。我漸漸接受我有義務去說服別人相信我，有責任想清楚該如何利用自己的熱情和執著跟別人分享 TED 所謂的「值得散播的好點子」。

　　所以我持續努力，終於在尋尋覓覓一年後，找到一個看事情的角度和我們一樣的組織，名叫 BASIX。BASIX 設於印度海德拉巴，我就是在這座城市的貧民窟和那位老太太交談，後來因而推動了這整個構想。該組織做了一項研究，想瞭解他們的微型貸款如何幫助居民透過創業改善生活，調查結果卻令人失望，甚至讓他們困惑不已。和這家銀行往來至少有三年的居民當中，只有半數客戶收入增加，且增加幅度不大，僅平均一成左右。另外，有四分之一客戶表示毫無改善。最糟的是，在貧窮困境中陷得更深的人還是和過去一樣多。BASIX 後來有了和我一樣的領悟：因貧窮

而起的障礙錯綜複雜，無法全靠傳統的創業微型貸款來解決。[18]

　　BASIX 創辦人維賈伊‧馬哈揚（Vijay Mahajan）表示，這在組織內部掀起了大辯論。他們可以繼續秉持他所謂的「傳統微型金融之路」，提供簡易的創業貸款，又或者試圖開發新服務，更有效地解決人們複雜的需求。若是選擇後者，誠如維賈伊所言，這是一種比傳統途徑「更複雜、更混亂，也更加難以控管」的做法，但是「有機會創造更多的改變」（機率或許是 50% 對 50%、20% 對 80%，又或者是 90% 對 10%，沒人說得準）。[19] 因此，BASIX 決定走第二條路，開始提供更多的貸款選擇，不再只是提供民眾創業所需的貸款。

　　我們與 BASIX 洽談水資源和衛生設施的貸款業務時，他們才剛改弦易轍沒多久。我向維賈伊及其團隊說明了民眾必須付出哪些治標成本，他們這才開始明白，即便人們並未用貸款直接產生收益，但還是應

該有能力還款的原因。就這樣，在我們吃了一年的閉門羹之後，終於有人為我們敞開大門。

　　不過這扇敞開的門是有條件限制的。BASIX 不準備把水資源和衛生設施的貸款業務納入他們的常規業務組合，因為這種貸款若是收不到還款的話，他們銀行的名聲和信譽可能會被拖垮。因此 BASIX 決定把這項貸款業務列為研發，把它設為獨立的單位，說穿了就是替這項業務劃下界線，直到它證明確實有效果為止。至此，我們總算得到一個願意謹慎冒險的合作夥伴了。

　　我說「謹慎」可不是開玩笑的。為了讓 BASIX 推出試行計畫，WaterPartners 必須為此掏錢出來。意思就是說，這個新計畫基本上由我們出資，藉此替 BASIX 避險，以便讓他們先看到這個方案確實可行的證據，他們才會冒險動用自己的資金。我們倒是沒有異議，因為他們覺得有疑慮和風險的地方，在我們看來幾乎百分之百肯定會成功。

我們也和 BASIX 達成共識，一旦試行計畫成功，這家銀行就會主推這項貸款業務，並擴大施行規模。就這樣，我們動起來了！

試行計畫花了數年時間，不過最後成績總算開始顯現出來。長久以來我一直主張家家戶戶有能力償還水資源和衛生設施的貸款，但我必須承認這始終都是紙上談兵，在此之前我們一直沒有機會實際做測試。現在，我們已經投入實地測試，而且這也是我人生當中最令人心滿意足的經驗。

我們分析了數據，結果出爐：貸款人準時償還全數貸款的比率是 97%。

這個數據太驚人、太令人振奮了，而數據背後的小店家更是讓人佩服不已。我有機會在菲律賓認識一位名叫蕾妮利札（Leneriza）的婦女，來貸款的客戶

　　　　　　　　　　　　　　水的價值

都是像她這樣的女性。先前曾提過，我認識花二成收入買水來用的人，蕾妮利札便是其中之一。[20] 她告訴我，她本來每個月花 60 美元向在地小販買水，但有了貸款之後，她就能在家裡裝水龍頭。她滿心歡喜地償還貸款並繳納多出來的自來水帳單，因為這兩樣費用加起來每個月不到十美元；現在她不但有乾淨安全的水，每個月還省下 50 元可以用來養家。

由此可見，現實甚至比理論更美好。

現在我們有這樣的證據，就有更充分的理由說服其他 MFI 相信我們的理念了。蘇雷什・克里希納（Suresh Krishna）是印度一家最創新的 MFI（現稱為 CreditAccess Grameen）的領導者，他不但同意啟動水資源與衛生設施貸款計畫，也願意動用該機構本身的資金來放貸。很快地，又有更多 MFI 簽約加入；

甚至更令人驚喜的是，這些機構開始將水資源和衛生設施貸款計畫納入他們的核心業務，而不是以某種類似研發的小單位來執行。

我們比較傳統的社區用水設施補貼模式也依舊在進行，只是這些補貼計畫的限制如今也變得愈來愈明顯，讓我們清楚看到貸款的著力點。提供補貼金來支援新的水資源設施的興建費用屬於做完就結束的一次性計畫，不能延伸拓展，一旦用了募來的款項，就必須走上為下一個工程募款的老路。微型貸款的運作就不是這樣；微型貸款會逐漸變成一種「自生」（self-generating）路徑，因為還清的款項之後將成為其他借款人的資金來源。有鑑於此，我們只需要稍稍推一下，微型貸款業務就能產生自己的動力；換句話說，微型貸款的影響力會自行發展。

我可以預見這是一個能延伸拓展的解決方案，因此很快地我腦海裡的問題就從「這有可能行得通嗎？」轉變成「這可以拓展到多大規模？」

2008 年，蓋茲基金會（Gates Foundation）研究了水資源和衛生設施微型貸款的需求有多少，結果他們估出來的數目是 120 億美元。[21] 這個數目現在聽起來很小，因為我們很清楚如今所需的資金其實龐大得多。然而在當時，120 億美元就像天文數字般令人震撼。

在那之前，WaterPartners 即便已經耕耘超過十年，也依然只能用以百萬美元為單位的資源來做事，設法協助處理需要數千億才能解決的問題，難怪進展始終如此緩慢，這就是我們一直像蝸牛般朝著幾乎看不清的目標前進，總是離目標那麼遠的原因。

但如果我們能夠得到 120 億美元，把這筆錢投入水危機的解決方案，就不會再舉步維艱。我們可以起身衝刺。

4

Chapter

逗趣的初次會面

我在水資源方面的努力在我 2008 年參加「柯林頓全球倡議」（Clinton Global Initiative，CGI）年會時，出現了最大的轉捩點。

　　CGI 的宗旨是「將構想化為行動」，這句話乍看之下應該可以用來形容任何組織，讓人覺得很普通。（會有組織以「將構想化為停止行動」或「確保構想永遠都是構想」為宗旨嗎？）不過 2005 年比爾・柯林頓（Bill Clinton）提出這個概念時，至少是有那麼一點前衛的。柯林頓到達弗斯（Davos）參加「世界經濟論壇」（World Economic Forum）之後，談起他聽到別人是怎麼抱怨這場盛會的，我想各位以前一定也聽過：菁英人士齊聚在豪華的滑雪度假村，高談闊

論要把世界變成更美好之地,結束後回歸常態,一切照舊。「我看到與會者每年充滿幹勁地離開這裡,」柯林頓表示:「想要做點什麼,想要知道去什麼地方可以昭告天下:好,我的任務是什麼?」他指出,CGI不只是要求與會人士對議題發表意見,也要他們「做出明確具體的承諾」來解決問題,然後到了隔年會公開針對他們的進展進行評等。「我們必須知道**我們做的這件事,產生了一定的效果。**」他說道。[1]

柯林頓及其團隊趁聯合國每年 9 月在紐約召開大會的同時舉行 CGI 會議,這段期間各國元首和貴賓紛紛湧入,黑頭轎車的車隊會在這週阻塞紐約的交通,造成這座都市寸步難行。不過柯林頓不費吹灰之力就讓重要人士在喜來登飯店齊聚一堂,包括 50 多位現任或前任國家元首、100 多位執行長、全球型基金會的主席,當然還有波諾在內。另外,像穆罕默德·阿里(Muhammad Ali)這類由運動員轉為社運人士的傳奇人物也來參加了。我這位曾在動畫電影《小馬

水的價值

王》（*Spirit: Stallion of the Cimarron*）為一匹馬配音的演員也出席了會議。（謝天謝地，我想這些大人物應該不曾看過這部動畫。）[2]

還記得會議一開始就是由當時的英國首相戈登‧布朗（Gordon Brown）發表主題演講。柯林頓在介紹布朗出場的時候，說他對這個世界瞭解的程度跟自己過去見過的人差不多──結果布朗好像把這些話當成挑戰。他沒有草稿、洋洋灑灑講了將近一個小時，游刃有餘地切換到一個個主題，針對可以改善窮人生活的政策革新發表他的洞見。那場演講太精采了，但後來我發現不是只有這些「臺柱」講得很精采，大會有很多演講都給我這種感覺。緊接在布朗之後上臺的講者是一位醫生，他畢生都在研究熱帶疾病，由於這種疾病在美國這類富裕國家鮮少聽聞，所以得到的關注和金援都非常少。這位醫生說：「通常我講工作上的事情時，聽我講話的對象大概三、四個。」然後他對柯林頓總統比了個手勢說道：「現在我們一整間的

人都在探討寄生蟲，這是對您的肯定。」[3]

　　他說得沒錯。柯林頓露出一臉驕傲的神情，這就是他最喜歡做的事：利用他的魅力吸引形形色色的人物來到同一場地，這些人或許原本素昧平生，現在多虧了他而有機會共同找出做大事或做更大的事的方法。整個大會就是以此概念為基調，座談會的設計也是根據這個概念。晚宴雖然看起來像大型派對，也的確是，但規劃過程卻精準得有如進行軍事行動一般；沒有一樣東西不講究績效、成果、合作、計畫。主辦單位在喜來登飯店設置了多間「悄悄話聊天室」──我承認這種名稱一聽就讓人覺得這個大會也太特別了，但是我要告訴各位，他們聊的不外乎全球融資機制之類的主題，還請各位務必相信我。這些主題說起來一丁點迷人之處也沒有（除非你本來就對這些事情感興趣，那就來對地方了）。

　　總而言之，這場大會有各式各樣的討論在進行，不過我從基調演講、座談會到分組會議這一路聽下來

的感想是，柯林頓似乎做到了將整場活動塑造成行動導向的目標。而且講求的不只是行動，還有當責性。與會者保證要採取行動時，他們會公開宣示承諾，此舉也會產生某種社群壓力，驅策其他人士也挺身而出。（光是 2008 年，承諾所涉及的資金總計高達 80 億美元。）[4] 另外，績效的部分也會公開宣布，假使你沒有達成目標，那麼到了下一屆 CGI，你有權有勢的朋友們都會知道這件事。

　　這次的會議登上了《經濟學人》（*The Economist*）雜誌的版面，我認為撰稿的記者說得很好：「布朗先生提醒我們，聽哲學家西塞羅（Cicero）講話時，人們會說『他的演說真精采』；聽古希臘演說家狄摩西尼（Demosthenes）講話時，人們會齊步向前走。如今在紐約喜來登飯店，就見得到大家齊步向前走。」[5]我也套上了靴子準備邁開步伐，但我還不清楚自己究竟該往哪個方向前進。

我剛認識蓋瑞・懷特的時候，他最令我印象深刻的地方，就是他一直講以前失敗的種種。

在我們 H_2O Africa 的幾個合作夥伴見過蓋瑞，發現他可以協助我們把工作做得事半功倍之後，CGI 主辦單位就幫我們兩個安排一間悄悄話聊天室。工作人員說會給我們一間聊天室，實際上卻把我們帶到飯店一間空蕩蕩的寬敞舞廳，那裡大得像掛著水晶吊燈的停機棚。我站在寂靜無聲的舞廳這一端，心想這也太詭異了，就跟一般人碰到這種情況時會有的反應一樣。

接著，事情變得更詭異，因為蓋瑞竟然從舞廳的另一頭進來，這表示我們兩個不得不彆扭地走一大段路，才能接觸到對方，而且邊走還邊尷尬地露出笑容。此情此景像極了浪漫喜劇電影裡男女主角初次見面時，那可愛到荒謬至極的戲劇性場面，讓我覺得應

該要趕緊打破這讓人不知所措的氣氛才行。於是，我朝著他大喊：「嘿！我們來聊聊水吧。」

我們坐了下來，互相自我介紹，接著我便開始詢問他的工作內容。來參加 CGI 這類大會的人士，往往會忍不住想吹噓自己的功績，再加上我們 H_2O Africa 的合作夥伴轉述了不少關於蓋瑞的事蹟，所以我知道他是有很多東西可以自誇的人。然而，他並沒有吹噓自己的成就，若真要說他有吹噓什麼的話，大概是相反的事情。他告訴我他在天主教救濟會所做的事情，以及未達成的目標。他說到他想出處理水資源工程的新做法，這種做法在小規模實行時效果非常出色，但是緊接著又說他沒辦法將這個做法發展到足以有效減緩水危機。然後他向我描述他的另一個構想，他認為這個構想具有顛覆一切的潛力，而這個構想就是提供水資源和衛生設施的微型貸款給窮人，可是他說他在肯亞第一次試行時就失敗了。

從蓋瑞的「推銷話術」來看，未免也太克制了，

他根本就是在反推銷。如果把 CGI 大會比作發展界的「快速約會」服務，我眼前這位配對對象可以說一開場就明講了他的各種缺點、犯過的最大錯誤和個人失敗，可是這一招對我倒是很有效。以個人角度而言，蓋瑞的謙遜吸引了我，但是當我坐在那裡和他講話的時候，最讓我印象深刻的就是他對失敗的自在坦然，他願意接受失敗是必然、必不可少且必經的過程，不需要大做文章或加以辯解，也不是需要不計一切代價去避免的事，而是可以讓你的做法更充實、助你成功的東西。

我知道「失敗很重要」是一種違背常理的經驗教訓，但因為這個概念早被說爛了，所以不會有人覺得它怪。那是每年春天畢業生在畢業典禮演講中必定會聽到的內容，跟「追隨你的夢想」一樣有機會成為明顯至極的人生建言，我自己在向畢業生演講時就說過這種話。很幸運我在 20 幾歲年紀輕輕的時候演藝事業就做得很成功，但那都是在我嚐到失敗的滋味，體

　　　　　　　　　　　　　　　　水的價值

驗過像鬼打牆那樣一再碰壁的感覺之後才有的成果。我和班·艾佛列克剛當演員的頭十年，經常碰到我們稱之為「被『好，謝謝』」的場面。被「好，謝謝」了的意思就是，我們從波士頓坐巴士去紐約參加試鏡，和一大堆看起來跟我們差不多的人一起等待，等輪到我們上場後，在選角導演面前哭得傷心欲絕，真心以為自己一定可以憑這場演技拿到奧斯卡，結果演完後人家對我們說「好，謝謝」。僅止於此，沒有讚美，也沒有拍拍頭，甚至沒有任何建設性的批評，就只有一句代表未入選的「好，謝謝」。每次聽到這句話總是覺得受傷，但最後我們總算能把它視為必經的過程，也接受了我們必須被多次「拒絕」之後才能得到「認同」。

　　我開始推動水資源工作之後，就已經預想到勢必會經歷類似的狀況，結果也不出所料，可是我並未將此挫折當作是針對我個人。我才剛在這個領域耕耘不久，就對水資源和衛生設施有足夠的瞭解，讓我能夠

看清大多數的水資源工程其實非常沒有效益，而我也無意敷衍了事。我預期會碰到的情況是，隨著 H_2O Africa 努力打造更理想的策略之際，我們補助的工程大概不會有太好的成果，我們支援的計畫會一波三折、苦無進展，然後我們會轉而押注在令人振奮的新構想上，但這些構想最後還是以失敗告終——結果這些預想都成真了。這一切我全然接受，視之為進入一個雖然我根本稱不上專家、但自認可以有所貢獻的領域時，所需繳納的學費。

然而蓋瑞不一樣，他無疑是個專家，在這個領域所涉入的程度遠遠超過我。他 20 年來收到的「拒絕」多不勝數，這件事讓我知道他的膽子夠大才能持續嘗試新構想，才能持續坦率面對失敗，從中學習並尋求成功之道。這也意味著，他一直試圖避開那種龐大又茲事體大的失敗，也就是那種無法匯聚成有效途徑、讓人人最終能取得用水和衛生設施的漸進式解決方案。蓋瑞號稱是水資源和衛生設施工程師，不過在我

看來他是一位創新者，而且正是我一直在尋覓的那種
合作夥伴。我們一聊起來不知不覺就過了一小時，我
猛然間想起我和柯林頓總統的會面快遲到了。要是真
的遲到的話就太失禮了，我邀請蓋瑞和我一同前往，
於是我們兩個便走去喜來登飯店的另一處找總統。我
和蓋瑞的快速約會十分成功，把我們配成一對的柯林
頓總統，將會是第一個知道這個消息的人。

我深入瞭解 WaterPartners 之後，就更加有信心他
們一定能把水資源工程做得比任何人或任何單位更
好。蓋瑞談起他們合作的社區時令我十分有感觸，
因為這些社區不只是接受供水設施而已，他們同時
也是參與設計、興建和經營這些設施的主導者。
WaterPartners 的成功率顯示，他們採取的是一種長
遠有效的做法。根據我從蓋瑞和其他人那兒聽到的種

種，還有如果真要我說實話的話，憑我跟蓋瑞談話時的感覺，我已經準備好將我們透過 H$_2$O Africa 募來的大筆經費委託給 WaterPartners。

當然最讓蓋瑞興奮的並非有錢可以挖井，而是他的新構想 WaterCredit。當時 WaterCredit 在印度的試行計畫已見成效，且有潛力發展得更加成功；蓋瑞在 CGI 宣告的承諾，就是準備用 PepsiCo 基金會撥給的 400 萬補助，開始大規模測試 WaterCredit。[6] 這是大新聞一件，不只因為這是一大筆經費的緣故。PepsiCo 的補助具有鼓舞性質，可以激勵國際性公司——至少可以說服其中一些公司，投入解決水危機的行列之中。PepsiCo 基金會隸屬的百事可樂公司執行長盧英德（Indra Nooyi）明確表示，她很清楚供應乾淨充足的水是公司製作飲料的根本必需，但她之所以決心對這個顯而易見的議題發揮影響力，並不只是因為這事關百事可樂的工廠。她是這樣說的：「水是百事可樂事業生態體系不可或缺的一部分，確保可取

得乾淨可靠的水資源，則攸關到世界各地社區的健康與生計。」[7] 這就是她在蓋瑞為了解決這個問題所想出的特殊途徑投入 400 萬美元的原因。

坦白說，起初我很難完全接受 WaterCredit 背後的理念。一想到必須向極端貧窮的人收費，他們才有機會取得生存所需的東西，我就覺得這種概念也太奇怪，或甚至可以說那是一種比奇怪還糟糕的感覺。試想你今天在沙漠裡碰到一個快渴死的人，你不但不把水壺給他，反倒問他要不要向你買水喝；因此我剛開始聽到這種論述時，便立刻感受到資本主義那些令人不自在的地方，心裡總覺得這是不對的。向世界上一些最窮的人索取他們僅有的一點錢，然後用來取得在我們富裕國家的人往往可以免費得到或幾乎能免費得到的「水」是不對的；這根本違反常理。

至少在還沒聽蓋瑞解說前，我是這樣想的。我們談到這件事情的時候，他讓我看到一些事實。如果要解決水危機，全球每年需要增加大約 1000 億美元對水

資源和衛生設施發展的用度，如此連續十年。[8、9] 這種程度的資金缺口，光靠我和歌手莎拉‧麥克勞克蘭（Sarah McLachlan）在電視廣告的背景裡嬉戲玩耍，呼籲大眾捐款也不可能補滿。（蓋瑞實在太客氣了，所以說不出口，但我知道他心裡一定這樣想。）實事求是來說，即便世界各國的政府決定將水資源和衛生設施列為第一優先要務也無法補平缺口，即便聯合國再訂定一個飲水十年計畫也做不到，這些都是我必須面對的事實。蓋瑞之所以滔滔不絕地說出這些數據，並不是要傳達「我們再努力一點」這樣的訊息，而是想告訴我「我們需要轉換思維」。

不過最精采就是這個部分，他可以描繪新思維可能的方向。他指出，世界上有數億人儘管收入極其微薄，但其實有能力可以為用水和衛生設施支付合理的費用，只要給這些人機會，他們非常迫切想要付錢擁有可靠的水源和衛生設施。因此，若是非得堅持慈善捐款才是唯一符合道德的可行援助方式，這似乎限縮

了我們的自己的選擇，也限制了我們的目標，造成問題長期存在。而且更糟的是，這也小看了我們要援助的人們本身的機智能耐。

隨著我們繼續交流意見，我開始用不一樣的眼光來看待水危機，開始把它視為一種根本的財務問題。至於為什麼是財務問題，必須先從人們所繳納的用水和衛生處理費用實際上作何用途瞭解起。

記者查爾斯·費希曼（Charles Fishman）寫了一本名叫《大乾渴》（*The Big Thirst*）的精采著作，書中描述一家連鎖飯店業者在他們客房的礦泉水瓶身上貼了一個小標籤。標籤上寫著：「這是水，當然是免費的。」[10] 費希曼指出，標籤內容揭露了我們在思維上的矛盾。一方面來說，**當然**水是免費的沒錯，畢竟水是從天空落下來的；但從另一方面來看，**當然**水

是要花一些代價的，因為我們每個月都會收到自來水帳單。所以到底哪一個才是對的？

根據蓋瑞的解釋，自來水公司真正向民眾收取的並非水本身的費用。[11] 我們繳納的帳單是水的**運輸**成本；也就是說，我們付費給某個人或某個單位在某個時間點去某個有天然水循環的地方取水（譬如湖泊、雨水坑、地下水），然後將水處理乾淨，再透過管線把水輸送到家家戶戶的水龍頭，或者裝瓶後送到商店。

衛生設施也是一樣的道理，只是和水輸送到家裡的方向相反。人類的身體排出的東西，用一句適當的成語來形容的話，當然就是一文不值。不過我們每個月都要繳錢讓汙水得以從我們吃住的地方**排走**，而且這筆費用通常就含在那張自來水帳單裡。

所以說，民眾在繳納用水和衛生設施費用時，實際上支付的是運輸費。

當然，近來亞馬遜網站（Amazon）讓很多人以

為運輸也是免費的。然而，用水和衛生設施可以說製造了世上最大的運輸挑戰，因為汙水是地球上每一個人每天都會產生的東西；講白一點，汙水是一種有毒廢棄物，如果沒有立刻從住處運走的話，這種廢棄物會散播致命病毒。

　　至於水，無疑是人類賴以生存的物質當中「最重的」東西。假設現在你打算去露營，所有你要在森林裡度過幾天所需的東西，包括食物、遮蔽物和保暖衣物在內，都可以輕輕鬆鬆扛到背上，但水就麻煩了。一家四口每天的基本飲水加上煮食和洗滌的最低需求量總共約 **30 公斤**重。[12] 人類生存所需的物質當中，沒有像水這麼重的。然而我們隨時都需要水，不管是飲食或是清潔、洗澡、上廁所都需要水；換句話說，全世界的用水和衛生設施所需的運輸規模，恐怕連亞馬遜網站看了都會不知所措。（說來也真是諷刺，亞馬遜網站的名稱正是以世界上最大的水運輸系統之一來命名。）

幾千年來，人類興建了各種設施處理用水和衛生方面的事情，以此來解決問題。我們替城市建造大型基礎設施，譬如水庫、水壩、汙水管、運河等等，在較偏遠的村莊或住家則興建小規模的設施，比方說水井、化糞池、灌溉水渠、雨水集水系統。

　　如果把人工運輸用水和汙水的勞力全部加起來，就會發現長期來講成本會高出許多。根據蓋瑞的解釋，這是因為治標成本非常高。可是藉由興建基礎設施來避免治標成本則需要一大筆前置費用，「一大筆」顧名思義就是指窮人不可能有的東西，所以相較於已開發國家的做法來講，他們只能用十分沒有效率又成本昂貴許多的運輸方法來移動用水和汙水。

　　因此，追根究柢，興建水資源和衛生基礎設施的問題，實際上並非成本太昂貴，因為設施建好後就能排除治標成本，長久下來反而省錢。真正的問題在於，興建設施必須預先拿出很多資金，所以就像我說的，這是財務問題。

　　然而，對於準備向大家推銷以金融途徑來解決世上最大難題的蓋瑞來說，2008 年 9 月實在是最不利的時機，因為當時「金融界本身」就是世上最大的問題之一。

　　去參加 CGI 的前一週，我正在一架等著中途轉機的班機上，當時飛機停在跑道，機上乘客都在滑手機，這時有一位投資銀行的行員開始驚慌起來，因為他看到雷曼兄弟（Lehman Brothers）控股公司垮臺的消息。他說：「一枚核彈剛剛在全球經濟市場中爆炸了。」當然，這樣講是有點誇大其詞。接著而來的金融危機將成為我們世界繼經濟大蕭條（Great Depression）之後碰到過最糟的局勢，而有一陣子這個「續集」甚至顯得更加嚴重。

　　到了我和蓋瑞在 CGI 碰面的那段時間，美國立法者已經起草 7000 億美元的銀行紓困計畫法案，防止金融機構再進一步瓦解。1000 多位示威抗議人士拿著標語站在紐約證券交易所（NYSE）外面，稱此紓

為世上最艱鉅的水資源挑戰尋覓解方　　　　**145**

困計畫是典型的戰爭犯罪，於此同時就在幾個地鐵站之外的地方，我們正在和準備執行紓困計畫以及製造紓困需求的人士社交。[13] 就連雷曼兄弟執行長本來也是座上賓，[14] 但他取消行程了。

雖然我當時就跟那些人在一起，但我認同抗議人士的想法。不久後，我為紀錄片《黑金風暴》(*Inside Job*) 擔任旁白，這部紀錄片講述借貸業者如何剝削弱勢的美國人，引誘他們去申請根本負擔不起的房貸，等到這個機制崩潰，又由納稅人來買單。由此可見，貸款給財務困難的人是否為可行方案，我們又多了一個可以質疑的理由。

然而，掌握全球經濟的大型銀行，和那些給貸款者機會打破貧窮惡性循環並掌控自己人生的微型貸款業者，畢竟是有天壤之別的。

　　2006 年我走訪尚比亞時，對微型金融有了十分難忘的初步瞭解。當時我們去一個偏遠的村莊，並且到當地一個市場走走，這個市場由幾位創業老闆組成，他們做生意的資金就是來自微型貸款。市場裡有農夫在賣自己耕種的農產品，有裁縫兜售自己製作的服裝，也有熟食小販賣自己烹煮的食物。然後我們又看到，在兩個泥磚造的攤位之間，有個男人放置了幾排塑膠椅，還用窗簾擋住光線。此外，他在那個幾乎全黑的小空間裡放了一臺連接錄放影機的小電視；原來這是電影院，真是太聰明了。這位老闆和我氣味相投啊！他向入場民眾收取十美分左右的觀影費。我好奇裡面播什麼內容，很想知道老闆為今天的日場放映哪部電影。我看了一眼他展示的其中一張盜版 DVD，沒想到竟會在尚比亞中部這個地方的一個 DVD 盒封面上，看到我自己的臉——今天放映的電影正是《神鬼認證：神鬼疑雲》（*The Bourne Supremacy*）。我想我不應該縱容盜版，各位也知

道，但是我們就是忍不住笑出來了。我們和這位老闆拍了一堆照片，不過我們沒有留下來看電影，因為我早就知道結局了。

　　這次在市場的停留是 ONE 反貧運動組織設計的學習行程之一，我們在那趟行程中討論很多穆罕默德‧尤努斯的理念。我知道尤努斯的目標是用持續長遠的方式盡可能改善很多民眾的生活，而非助長貸款機構獲取最大利潤。然而，貸款機構必須得到足夠的利益，才會有動機和工具繼續貸款給民眾，只是重點應該放在結果上，也就是機構所發出去的貸款可以讓客戶採取什麼行動來改善自己的生活。當然，不肖的微型貸款業者確實存在，但 40 多年來已經有大量證據清楚指明，因微型貸款而握有自主能力的人，遠遠超過被業者剝削的人。而 WaterCredit 一定可以充分給予貸款者這種能力。當我明白民眾要償還的貸款，其實少於他們採用權宜之計所產生的成本時，心裡開始萌生出一個想法，也許真的有金融市場機制的解決

之道，能夠化解水資源和衛生環境的危機。

　　但話又說回來，在金融界讓全球經濟翻車的這個當下，把金融市場納入我們的解決途徑，這似乎違背常理。如果尤努斯來看的話，他會怎麼說呢？我們很幸運不必亂猜，因為尤努斯就在 CGI。眾人用十分焦慮的心情，甚至義憤填膺地討論資本主義，但尤努斯卻跟大家唱反調。他在一場訪問裡提到：「我們必須擺脫這種思維，以為有錢人才會做生意，窮人只能拿慈善捐款。」[15] 他慷慨激昂地主張，金融──也就是2008 年的頭號公敵，可以扮演責無旁貸的角色，幫助數百萬人脫離貧窮。所謂我們的慷慨就是世界最窮的人要想改善處境的最佳指望，而非靠他們本身的機智能耐，這樣的觀念尤努斯強烈駁斥。

　　我想到我母親一直以來的諄諄教誨，要我不可帶著施予恩賜的態度去面對我想幫助的人。她認為慈善捐款依舊是必要的，我也這麼想；我想任何明理的人都不會反駁這一點。不過微型貸款吸引我的一點就

是，它是從無論一個人的經濟條件為何，都有能力投資自己的解決之道、有能力決定要用何種解決之道以及該如何運用的前提著眼的。換句話說，微型貸款以「尊重」的立場為起點，與優越感和傲慢恰巧相反。

　　我是在幾個月後走訪衣索比亞的行程中，才體會到這一點有多麼重要。當時我們一行人看到一座造價成本約 1 萬美元的水井損壞了，社區居民沒有能力修理，便乾脆在原來的水井旁用人力另外挖了一座水井。我們來到此處時，有幾個小孩在那座人力挖鑿的水井旁喝著看起來像巧克力牛奶的水。如果是我女兒要喝那種水，我一定會衝過去把水從她們手裡打掉。可是在這個地方，不讓他們喝也不會有任何好處；孩子們之所以會喝那種東西，是因為那已經是他們最好的選擇，至於靠捐贈而來的那個抽水幫浦，徒留諷刺而已。

　　反過來看，蓋瑞走訪 WaterCredit 試行計畫時見過的 WaterCredit 客戶就不一樣了。他們帶他去看新

水的價值

裝設的水龍頭和馬桶，這些都是他們自己為了自身需求所挑選的，是他們努力工作的目標，也是他們非常願意維護甚至加以提升的設備。他經常看到民眾驕傲地舉著貸款卡，上面有他們每一次的還款紀錄。

　　我的領悟是：擁有主導自己人生的能力，也就是能決定自己想要的未來並努力實現，這是一種共通的需求，就像水一樣。

　　我和蓋瑞參加 CGI 大會時在那間大洞穴似的「悄悄話聊天室」的對談，開啟了後續不曾中斷過的交流（至今依然沒停過）。接下來幾個月，我們在考慮合作這件事（譬如合作的意義、該如何進行等等）的同時，我又回過頭去找蓋瑞問了很多問題。要我老實說的話，我問了不少蠢問題。我大概知道我問得很蠢，蓋瑞「一定」也知道那些問題很蠢。但是他親切、耐心

地回答我每一個問題，而且答案顯然充滿了智慧。事實上，蓋瑞的解答出色到我和我哥哥凱爾都忍不住跑去找他問一些不相干的問題，一些關於人生、婚姻、宇宙的隨機大哉問，搞得蓋瑞不只一次提醒我們：「水，夥伴們，水，那才是我的專業！」

我們談得愈多，我對 WaterCredit 就更有信心，不過我也相信，假使 WaterCredit 不能實現我們的願望，假使碰到我們沒有預見的障礙，那麼它也會成為我們日後可以吸取教訓的失敗之一。當然，這一路上我們勢必會在某處碰到阻礙，但是蓋瑞顯然是一個可以重新爬起來，衝向下一個目標的人。他對這份工作的熱情大到無法雙手一攤，絕望地說「我受夠了！」他兼具大膽無畏和謙遜這兩種特質；大膽無畏讓他堅持這世上有更聰明的做法可以解決問題，謙遜則使他能夠問笨問題，就算證明自己是錯的也心甘情願。我謹慎支持他的構想，也十分篤定我們兩個的心態一定能相互匹配。

水的價值

如此這般，我人生的第二段兄弟情誼就此展開；別告訴班・艾佛列克！

5
Chapter

Water.org 開張

麥特・戴蒙是說故事高手，我知道我應該是地球上第 100 萬個有這種想法的人，不過這真的是我初次與他見面時最深刻的印象。

在我和麥特於 CGI 大會的飯店舞廳見面的不久以前，他曾參加一個探討水危機的座談會，當時我就坐在觀眾席。整場座談會聽下來，大部分就是關於全球發展的一般討論；意思就是說，講到事關生死的議題時，那一定是乏味到極點。可是麥特開口講話時就不同了；只要他抓起麥克風，我就能感覺到現場的氣氛變得更有活力，感覺到周遭人都挺直了身體、專心聆聽。沒錯，這或許是因為麥特很有名，但如果說麥特之所以有名**正是因為**他對人們有這種感染力，這應該

也是事實。無論如何，麥特為這些議題所注入的熱情深刻到我和在場的每一個人都可以明顯感受到。

座談會到了尾聲，主持人問麥特做拯救生命的工作有什麼感覺。我想所有人應該都預期他會像典型的行善名人那樣，告訴大家還之於社會的重要，然後讚許大家為行善所付出的努力，以此作為結論。

不過麥特跟那些名人不一樣。他開始說一個 2003 年發生在德國的食人魔故事，而且這是真人真事。按照麥特的形容，這個食人魔的形象跟電影《沉默的羔羊》（*The Silence of the Lambs*）裡那位食人魔漢尼拔（Hannibal Lecter）很像，只是有一個顯著的例外：這位食人魔想找的是心甘情願被吃掉的犧牲者。所以他上網（無論哪裡的食人魔都會上網聊天），徵詢是否有人願意被他吃掉，沒想到自願者多到嚇人。於是他從這些自願被吃的人當中，挑出一位中意的對象，然後邀請這個人到家裡來。為了熟悉一下彼此，他們先用晚餐，接著又出去看電影，片名叫

美好的友誼。

蓋瑞大學時期組織工程服務團來到菲律賓。

密蘇里州堪薩斯市的
募款活動，一切正是
由此開始的。

WaterPartners的第一間臨時辦公室。
請注意照片左邊的馬桶；究竟這個馬桶
的存在是因為蓋瑞試圖改造馬桶，抑或
裝修失敗，我們不便透露實情。

WaterPartners早期在
瓜地馬拉進行的供水工程
之一——學到應當和社區
攜手打造設施的經驗，
而非直接替他們蓋好。

2006年走訪尚比亞——這趟行程由波諾的組織安排。
麥特在這個地方找到了他對付水資源危機的熱情。

衣索比亞一名正在扛水的年輕女子。
這種塑膠水桶裝滿水之後可重達近20公斤。

麥特穿著政治人物的戲服（請注意那條斜紋領帶）拍攝電影《命運規劃局》，
在現實生活中的CGI大會發表演說。

2009年在柯林頓全球
倡議（CGI）年會上，
和柯林頓總統一起慶祝
Water.org的成立。

CGI的目標是「將構想化為行動」，
對我們來說確實如此！
我們兩人初次見面就是在CGI，
五年後重回此盛會，
我們把Water.org觸及數百萬人、
幫助他們取得用水及／或
衛生設施的成果和眾人分享。

我們在印度普里亞巴卡姆村莊（Puliyambakkam Village）和學童跳舞。

我們在印度和WaterCredit的貸款人交談。WaterCredit的貸款業務光是在印度就觸及了1500多萬人，為他們取得用水及／或衛生設施。

卡拉瓦蒂（Kalavathi）是印度的一位貸款人，她驕傲地展示手上的貸款卡。
拿到這筆小額貸款之後，她的家庭將會脫胎換骨。

拍攝馬桶罷工宣傳影片
期間亂搞一通。
無庸置疑，
我們為了讓大眾關注
這個議題無所不用其極。

麥特在馬桶罷工記者會
脫稿演出。

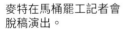

我們在華盛頓特區與世界銀行前總裁
金墉（Jim Yong Kim）會面。
金墉博士馬上就明白
在全球水危機的核心議題上，
WaterCredit有辦法彌平資金上的鴻溝。

2017年在世界經濟論壇
接受CNBC記者薛倫・
班恩（Shereen Bhan）的訪問。
為了募到解決水危機
所需的資金，
哪裡有錢我們就往哪裡去，
而這個地方正是達沃斯。

2019年聖誕節前夕我們走訪菲律賓，在當地見到一位名叫詹妮・
伊果（Zeny Egoy）的婦女。對她來說，接水管不是別人贈送的免費禮物，
而是她為家庭的未來所做的投資。

我們在菲律賓和WaterCredit的貸款人吉妮·波提斯塔（Janine Bautista）見面，
她告訴我們她靠著一次投資一樣東西，逐漸讓整個家庭脫貧的精采故事。

衣索比亞的孩子開心地玩抽水幫浦。沒有東西比得上水帶來的純然喜悅。

做《瞞天過海》（*Ocean's Eleven*）。這部電影的主角之一想必各位也很清楚，正是麥特・戴蒙。

兩人看完電影之後，走出了戲院，那個本來準備被吃掉的男人轉過頭去對食人魔說：「我改變主意，不想被你吃了。」兩人握手致意，就此分道揚鑣。

「所以嘍，」麥特說道：「至少我知道我幫忙救過一條命。」

後來的幾個月我逐漸認識麥特，我看到這種事一再發生。我指的不是他一直說食人魔的故事（我想他也只有一個這樣的故事可以講），而是他在此前所做的事：把故事、統計數據或洞見講得活靈活現來吸引觀眾的注意力，用自己的熱情感染大家，也激發大家找到對這些議題的熱情。這個傢伙是我見過最厲害的溝通者之一。

而當時，WaterPartners 最需要的正是這種卓越的溝通者。我們在水資源和衛生領域耕耘邁進的同時，誠如麥特先前所指出的，一般人從不曾被迫去想

像沒有水的生活是何模樣，在這種情況下要說服人們關注水危機，是我們這一路走來不斷碰到的挑戰。再者，隨著我們的做法逐步演進，該如何加以解說也變得愈來愈複雜。早期我們可以告訴潛在捐贈者，他們的捐款會用來興建水資源設施。這樣講直接了當，容易表達又容易理解。然而現在不同了，我們最強大的解決方案比要解決的問題本身還要難解釋。如今不能說「請幫我們付錢興建水資源設施」，要換成「請協助我們幫忙微型貸款機構控管興建水資源和衛生設施貸款業務的風險」。這也太拗口了，但我要告訴各位，就我的經驗來看，真的很難用更少或更清楚的字彙來表達。

也因此我從一開始就心知肚明，在水資源的工作上，麥特絕對是我們難能可貴的夥伴。再加上我從我倆在接下來幾個月益發頻繁的對話當中，看到他不只在說故事方面有令人驚豔的本領，他對政策和策略亦有敏銳的眼光，同時有創新的熱忱，而且對於水資

水的價值

源工作真心發憤有為。倘若《時人》雜誌（*People*）推出一期「最實在的現有名人」，麥特一定會輕鬆奪冠，拿下這個頭銜。有鑑於我們的價值觀相通，各自又擁有不同的優點，我認為若是我們能攜手合作的話，一定能做出與眾不同的名堂。

然而我和麥特在這個領域裡都不是獨行俠；我們領導各自的組織，對組織有各自的責任。所以我們兩個必須先讓各自的同事也明白我們的願景，如此才能真正成為合作夥伴。兩個組織的合併究竟會是共享優點，還是會犧牲各自的特色與自主權，取決於你的洞悉力和你對另一方的信心程度。向各自組織提出合併的構想，猶如結婚前先介紹雙方家族認識，結果雙方家族都對結合的提議有一些質疑。

坦白說，我們 WaterPartners 的理事會對麥特感到不安，他們很納悶一位想接下這種乏味工作的名人到底會有多認真？他會不會做著做著覺得無聊，就拍拍屁股走人？我向他們保證，麥特對水資源工作的認

真程度就和我一樣，而且他會滔滔不絕談 WaterCredit 的事情（也真的這麼做），然而我的保證並沒有平息他們的憂慮。理事會也擔心麥特哪天會鬧出什麼大醜聞，把 WaterPartners 拖下水。麥特本身並沒有哪一點會讓理事會有這種憂心，他明明一直給人堂堂正正男子漢的形象。只能說這種擔憂是與名人合作時會有的職業病，畢竟名人一旦出了差錯，就得付出高昂代價。以藍斯・阿姆斯壯（Lance Armstrong）為例，2013 年他坦承使用禁藥之後，他的慈善組織 Livestrong（堅定活下去）就被戲謔為 LiveWrong（錯誤活下去）和 LieStrong（堅定說謊）。[1] 醜聞爆發後的那幾年，該基金會的年捐款金額就從 4100 萬美元下滑到 250 萬美元。[2]

由於事關重大，我告訴理事會，根據我個人的印象，麥特真的就像他自己親口說的，是個「年華逐漸老去的郊區老爹」。把「傑森・包恩」形容成這樣，大概沒有多少會相信。

場景換到麥特的 H₂O Africa，該組織的人員也質疑我，不過是為了恰恰相反的理由：走到水資源和衛生環境發展這個孤立的世界之外，大家可能會稱我為「非名流」；意思就是說，我是個無名小卒。我先前見過麥特 H₂O Africa 的幾個合作夥伴，他們正是引介我與麥特接洽的人，不過其他人或單位則需要確認我們組織是真材實料的個中高手。麥特和他的合作夥伴為我背書，就像我也為他背書一樣。很幸運，就在這一切如火如荼進行之際，我被斯柯爾基金會（Skoll Foundation）評選為社會企業家，這真是我此生最大的榮耀之一。這個基金會由 eBay 前任總裁傑夫・斯柯爾（Jeff Skoll）創辦，每年針對數千名社會企業家進行嚴謹分析，從中選出幾位他們認為最有可能為世界創造系統級變化的人，並頒獎予以表揚。這個獎項讓 H₂O Africa 的工作人員（還有我本人，順道一提）信心大增，終於願意相信 WaterCredit 真的有我和麥特說的那種龐大潛力。

我們各自的組織「家族」，就像一般家庭那樣，終於改變立場，支持雙方合併，但並非百般不願的心情，而是帶著滿腔熱血。2009 年中，我們著手準備合併文件，由於新組織需要另取新名稱，大家腦力激盪、集思廣益，不過最後總會回到 Water.org 這個我在十年前註冊過的網址。這個名稱不浮誇，卻恰恰點出了重點。假如你想採取行動解決水危機，直覺就會想去 Water.org。（讀到這裡各位可能會覺得好像在打廣告，沒錯，就是在打廣告！）

同年 7 月，我們發出新聞稿，正式推動 Water.org。我不會說我們不想得到關注，但並不想要大肆宣傳；若是舉辦盛大的揭幕宴會，在會場帳棚上掛著麥特的名字，我們覺得這恐怕會傳遞錯誤訊息。再者，CGI 大會即將到來，我們認為非常適合在這場活動上向大家介紹 Water.org，這也表示我們必須「承諾採取行動」。對於 WaterCredit 我和麥特都躍躍欲試，因此我們決定 Water.org 的第一個大型計畫就是

Chapter 5

提供大筆補助給海地當地的合作夥伴，幫助他們與社區攜手興建供水設施和廁所。上一個颶風季在海地造成將近 800 人死亡，摧毀無數的家和建築，該國至今仍在復原之路上掙扎。2009 年我們去參加 CGI 的同時，海地只有過半的人民可以取得安全的用水，全國具備安全衛生系統的市區甚至不到三分之一。[3]（這還是在 2010 年強震襲擊該國，摧毀了許多既有的用水和衛生設施之前的數據。一位記者如此描述該國強震過後的狀況：「大部分居民的生活就是不斷地想辦法找水。」）[4] 我們知道 WaterCredit 從長遠看可以發揮更大的效果，但海地的狀況迫在眉睫，他們的社區急需供水和衛生系統，這個部分 Water.org 可以伸出援手。

我們可以在 CGI 的主舞臺上當眾宣布我們的承諾。2008 年能和麥特以及柯林頓總統坐下來討論水危機，那是我這輩子最拉風的日子之一。就在幾乎快滿一年的這一天，我有這樣的機會站在舞臺上和他們

兩位一起宣告，Water.org 將協助 5 萬海地居民興建安全的供水及衛生設施。

　　那次的宣告行動有一件趣事值得一提。假如各位上網瀏覽照片，會發現麥特的穿搭好像學柯林頓總統學得有點過頭了。麥特身上的西裝是典型的政治藍，領帶有紅藍條紋，西裝翻領上別著美國國旗樣式的別針，一副準備要用「各位」作為開場向民眾發表演說的模樣。這樣說吧，那不是巧合，當時麥特正在演出電影《命運規劃局》（*The Adjustment Bureau*）裡的一個政治人物，電影製作人想拍他和知名的真實政治人物同框的鏡頭；說到在哪裡可以找到政治人物，當然沒有比 CGI 更好的地方了。因此，當時攝影師就跟在他身邊伺機而動。我們在宣告 Water.org 的承諾的時候，他們便拍下了我和麥特在臺上與柯林頓握手的畫面，讓我在這部電影中也有了一、二秒的客串演出。

　　麥特把電影拍攝小組帶在身邊，跟他一起穿梭

在 CGI 大會的其他活動上。拍攝小組的鏡頭比新聞工作人員扛的鏡頭大一點，不過混在其中的畫面還是滿協調的。只要麥特碰到政治人物，便會詢問對方是否願意在拍攝中的電影裡公開露臉。就這樣，那幾天一場接著一場討論如何對抗水危機的緊湊會議，不時會被臨時安排的電影場景打斷，譬如美國著名的黑人民權領袖傑西·傑克遜（Jesse Jackson）和前美國總統顧問約翰·波德斯塔（John Podesta）會走過來談政治策略；美國前國務卿馬德琳·歐布萊特（Madeleine Albright）則利用她和麥特上鏡頭的機會，解說為什麼大家應該關注那些在討論地緣政治策略時通常會被忽略的國家。

經常有人問我和電影明星合作是什麼感覺，我說不出讓人驚豔的答案，畢竟我也只和一位電影明星合作過而已；況且綜合來說，這位電影明星就跟各位見過的任何人一樣平常。不過就我參加那次 CGI 大會的體驗而言，和電影明星合作有時候確實會讓人有一點

超現實的感覺。

我們推出 Water.org 之後，WaterCredit 開始快速
成長。一如我之前提過的，人們想聽麥特說話，而
現在聽麥特說話就代表聆聽我們組織的故事。當人
們開始關注我們，我們便得以跟大家分享愈來愈多
WaterCredit 確實有效的實證。我在 WaterPartners
的期間，我們總共讓 33 萬 5000 人取得安全用水及
／或衛生設施。2012 年，就在 Water.org 創立數年
後，我們觸及的對象已經來到 100 萬人。

　　隨著這些貸款計畫成功的證據與日俱增，再加
上斯柯爾基金會的背書，更有利於我們遊說大型基金
會補助我們，進而讓我們能夠用比以往更快的速度接
觸到更多需要幫助的人。比方說麥可與蘇珊・戴爾
基金會，以及世界最大的健康消費品公司之一利潔

時（Reckitt）公司，他們提供的資金幫助讓我們觸及5萬人左右，讓這些人得以取得用水和衛生設施。另外，PepsiCo 基金會補助的經費則讓將近 300 萬人有水和衛生設施可用，卡特彼勒基金會（Caterpillar Foundation）和 IKEA 基金會（IKEA Foundation）給予的補助，共使 600 多萬人有水和衛生設施可用。

在海外援助發展方面，通常試行時效果卓著的構想，往往在擴大執行時表現不佳，這表示並非每一種成功模式都能放大規模。不過以我們的案例來講，狀況卻正好相反；也就是說，WaterCredit 反而在擴大實施規模後效果更佳。隨著 MFI 機構可以更有效益地控管貸款計畫，進而核發愈來愈多微型貸款，因此還款率其實是逐漸**攀升**的。如今，100 位貸款人當中有**99** 人還款，而且是準時全數還清。

對我來說，這不只是證明 WaterCredit 有效，而且也駁斥了無論在對抗水危機還是其他一般的議題上，唯有慈善施捨這一條路徑才行得通的觀念。

我知道各位看到用負面角度去探討慈善事業會覺得有點奇怪，所以我應該先表明，我並沒有貶低慈善作為的意思。慈善工作基本上都是立意良善，也確實改善人們的生活，要解決像水危機這麼龐大的挑戰，慈善途徑絕對是必要做法之一。

但我認為，假如我們**只把**窮人當作慈善施捨的對象來看待的話，這樣會有問題。要是聽到的都是窮人需要我們的幫助，聽到的都是窮人在生活中碰到的問題需要我們介入解決這番言論，我們會習慣把他們當作一群無力面對艱鉅挑戰的人。以這種角度看待他們，會掩蓋他們的多樣面貌，我們也會因此看不到他們的能力。

舉例來說，我相信各位一定碰過別人請求你捐款救助「一無所有」的人。說句公道話，假使你年收入數萬或數十萬美元，那麼一天只賺一到四美元不等的人，**確實**看起來好像過得一無所有。所以，我們若是看到窮人收入出現一點點變化，會覺得那很微小，甚

至認為多出那一點點根本微不足道。

　　然而這些年來，我和貧窮居民的交流中可以清楚看到，這些小小的差異其實事關重大。從一天賺一元變成一天賺二元，收入增加的是百分之百。同樣地，從一天二美元跳到四美元，收入等於變成二倍。各位試想，你的薪水如果多了一倍，生活會有多大的改變！這種收入上的躍升，也會徹底改變窮人的生活。我見過一些沒辦法取得乾淨用水的人，他們甚至買不起第二個水桶來裝水。前文中我也提到，我看過被迫每天花很多錢向運水車買髒水的居民。這兩種情況中的居民都非常貧窮，但是貧窮的**程度**不一樣，所以他們的生活也截然不同。

　　假如我在商業界打滾，我就會說我們必須**區隔市場**。當然，這個世界上確實也有收入非常低（如果他們有收入的話），低到只能用慈善施捨才能幫助到他們的人。可是如果我們只把焦點放在這些人身上，就看不見世上還有很多窮人準備靠自己爬起來，只要我

們願意幫忙清除擋在他們前方的障礙即可。

這是一個被錯過的大好機會，因為窮人只要能投資一點點自己的未來，就會使出渾身解數從這筆投資中創造最大的價值。

我是在走訪 WaterCredit 施行成功的社區看到這一點的。這些參訪社區的行程讓我認識了不少像吉妮（Janine）這樣的女性。2019 年，我和麥特造訪菲律賓時認識了吉妮，並有機會和她相談。她是育有三個兒女的年輕媽媽，就像每個做父母的人一樣，她希望家人能過最好的生活，這表示家裡的每一筆開銷她都得精打細算才行。吉妮在子女還很小的時候，做了不可思議的犧牲，她搬到巴林（Bahrain）去做薪水比較高的工作，然後把賺來的錢寄回家。吉妮給我們看掛在牆上的一張照片，那是她離開家鄉去巴林工作前拍攝的全家福。當時她的女兒才剛學走路，臉蛋肥嘟嘟的；等到吉妮終於回到菲律賓時，她女兒已經長成瘦高的孩子了。我沒辦法想像錯過孩子成長的那些

年，她的內心有多麼煎熬。

可是吉妮的犧牲給了家庭一個起步的機會。從巴林回來後，她申請了一連串的小額貸款並且全數還清：先是貸款做起了販售雜貨和配送肉品的生意，接著將這筆貸款還清之後，又貸款把住家整頓得像樣一點，再來就是終於能貸款裝設自來水管線。生活上的每一次改善，都讓這個家庭得以更進一步脫離貧窮的深淵。他們開源節流，有更多的時間和精力打造自己心目中的未來。

我走訪每一個社區，都會看到像吉妮那樣的決心。還記得我在迦納（Ghana）遇見另一名婦女，佛羅倫斯・瓦絲瓦媽媽（Mama Florence Waswa），她是一位母親，也已經當了祖母。佛羅倫斯媽媽以前一天只有不到三美元可以過生活，她沒有機會賺更多的錢，因為為了家人她必須花很多時間騎腳踏車去取水。

後來她申請到 275 美元的貸款。她說有了這筆貸

款之後，就能在自家裝抽水幫浦和水塔。她把水拿來種蔬菜，再將一些蔬菜拿去餵自己養的豬，另外她還用水把黏土做成磚塊，磚塊當然也拿去賣掉賺錢。佛羅倫斯媽媽也用磚塊把自家隔出幾個房間，再將房間分租出去，這又是另一個收入來源。除了這些之外，她省下足夠的水，再把這些多出來的水賣給鄰居，賺錢供孫子女上學。佛羅倫斯媽媽擺脫了必須不斷找水的重擔之後，所有的人類潛能全都冒出來了。

當我聽到愈來愈多這種故事的時候，我就明白，世界任何一個角落的人都有改善生活、把某件事物發展得更好的基本欲望。我一再聽到人們說起對家庭有什麼計畫，談到他們為了有更好的未來而做的犧牲和投資。只是這些人所面對的阻礙，遠比身在美國之類的國家的大部分居民多更多罷了。

然而，不管是在菲律賓、迦納抑或世界其他地方，有非常多人正努力克服阻礙。我從和居民的對談當中，聽過令人振奮的生意構想、兒女的教育大計，

水的價值

還有最後終於達標的存款目標。我見過家家戶戶拉電線讓家裡有電可用，買瓦斯爐讓自己不必再生火煮飯，還有替房子蓋一座真正能遮風避雨的屋頂。我看到很多家庭漸漸從貧窮中脫身。

全世界已然有了很大的轉變，這就是其中一個證據。我自 1980 年代開始從事這份工作以來，已經有如此多的家庭努力掙脫貧窮，進而改變了周遭世界。這種轉變我看得一清二楚，因為我數十年來走訪了各個低收入國家。通常我來到已經有五年或十年不曾造訪的地方時，都會有快認不得這個地方的感覺：以前是貧民窟或荒蕪田地的所在，如今已然是熙熙攘攘的街道、朝氣蓬勃的市場、公寓大樓等等。世界正在轉變，而且就在我眼前；這是我見過最希望無窮的景象之一了。

我想大家可能會因為極端貧窮始終存在，再加上近身就能看到極端貧窮而感到揪心，所以沒辦法看見或難以相信有這種轉變。世界上明明還有這麼多人

在受苦，此時卻談情況已經改善很多，聽起來多少有些天真。但是我們可以也應該同時聚焦在這兩種現實狀況。因為事實上，我們如果忽略周遭出現的正面改變，就會察覺不到我們這個時代最重大的進步之一。

那位打開我的眼界，讓我能看到這種思維方式的人，是數年前過世的瑞典醫師漢斯‧羅斯林（Hans Rosling），他也是一位全球衛生醫療教授。他對貧窮的說法是我聽過最清晰的解釋，而且他花了一輩子全球走透透對抗貧窮，「打破全球的漠視」，他是這樣說的。[5] 不管他去哪裡，都會問大家一個問題：你認為過去 20 年世界上過著貧窮生活的人口比例的增長狀況如何？（a）差不多增加一倍；（b）沒有變動；（c）差不多減少一半。[6]

羅斯林在世界各地共調查 1 萬 2000 人，結果九成三的人回答（a）或（b），在美國回答這兩個選項的受測者占了九成五。這個數據顯示，幾乎各個地方的受測者都答錯了，因為正確解答為（c），過去 20 年

貧民人數百分比已經減半。所以說,我在走訪過的社區所看到的成長進步並非特例,他們反映了世界各地正在改變的事實。然而,探討這個現象的人卻少之又少,誠如羅斯林所指出的,讓猴子(當然是隨機挑選的猴子)來答題的話,正確率應該比人類還高。[7]

羅斯林表示,極端貧窮的比例減少是他這輩子碰過最重大的全球性變化。脫離貧窮可以拯救一個人的生活於水深火熱中,威力之大應該不是任何其他改變可以比得上的。而終結極端貧窮意味著,人們不必設法熬過這次收成到下次收成之間那段「挨餓的空檔」,不會因為無力負擔最基本的醫療費用而死於很容易就能預防的疾病,也意味著再也不必成天去很遠的水井扛髒水回家。

再者,這種轉變是以驚人的比例出現的。誠如牛津大學研究員麥克斯·羅瑟(Max Roser)數年前所指出的:「我們可以說,過去 25 年每一天的報紙都可以下〈極端貧窮人數從昨日至今日減少了 13 萬 7000

人〉這樣的標題。」[8]

如此算下來，往後數十年將有數億人掙脫極端貧窮，成為龐大的經濟成長來源。我們若是能投資他們，將來他們就能繼續打破貧窮的惡性循環，提升自己的生活，而且每多賺一分錢，都會讓他們變得更有能力加速脫貧。

一旦開始用這種角度看窮人，那麼富裕國家的人談到窮人時常用的那套說法「貧窮是有待解決的問題」就沒什麼道理了。

這種視角下，窮人反而看起來像「一個有待滿足的市場商機」。

我們 Water.org 也體認到，激發大家改變心態正是我們應該做的事。我們希望富裕國家的人們談起生活煎熬的社區時，別再認定他們無能為力，好像他們來日要過更好的生活唯一的機會就是靠我們的同情與施捨。我們希望大家能看到他們的潛力，尊重他們的優點、抱負和進取心，協助他們善用自己的能力。

柯林頓總統從一開始就知道 Water.org，總是很期待聽到我們的最新消息和成績。他十分瞭解 Water.org 所秉持的理念及其潛力，我們推動這個組織數年後，他給了一個至今仍被我們奉為座右銘的建議。「繼續衝高你們的成績，」他說，「繼續衝高那些數字就對了。」

我們照辦了。Water.org 開始向大家證明，我們不是尋求漸進式改變的一般水資源非政府組織；我們追求創新，追求開創更理想、可以拓展的解決之道。此外我們也知道如果要成功達到目標，就必須讓這些解決方案在非常多的地方發揮強大效果，強大到誰也無法忽視的程度。因此，我們做出終止補助社區水資源工程的痛苦決定。當時已經有無數的水資源非政府組織採取補助工程的模式，所以我們知道可以集中心力推行 WaterCredit，觸及更廣大的民眾。

如果想尋求突破、衝高數字，我們整個團隊必須下很大的功夫辛勤耕耘。在早期，組織從我開始的每一個人都是志工，有時候每一樣工作都得做。然而真正想要創新，就應該招聘頂尖人才。雖然招聘頂尖人才對非政府組織來說是一大財務負擔，不過隨著組織影響力增長，愈來愈多捐款人認同我們，組織的收益也逐步成長中。此外，作為一個顛覆了水資源慈善事業既有模式的創新者團隊，我們因此贏得了聲譽，這有利於我們招聘到具備熱情、熱忱與能力的人才。我設置了董事長一職，延攬珍妮佛・朔爾施（Jennifer Schorsch）這位十分聰明又盡忠職守的哈佛企業管理碩士擔任此職位。我們逐步建立起人才濟濟的團隊，這個團隊目前有 130 人，其中包括了對財務和微型金融有高深專業知識的人。

　　現在我們有這麼強大的團隊幫助組織成長，我們在新地方找到新的合作夥伴。在拓展到全球各地的過程中，我們向很多 MFI 及銀行業的領導者學習，譬

如菲律賓的卡姆魯爾·塔拉夫德（Kamrul Tarafder）、祕魯的安娜·瑪麗亞·哲加拉·雷瓦（Ana Maria Zegarra Leyva），以及肯亞的詹姆斯·姆萬吉（James Mwangi）。他們都是了不起的專家，幫助我們針對不同的背景調整作業模式。

我們的進展變得非常快。我在 80 年代開始從事這份工作時的感覺湧上了心頭，當時我覺得我們好像真的可以在不久的將來永遠終結水危機。不過這一次的心情不再是初生之犢的天真爛漫。這一次，我最宏遠、最大膽的抱負是有真憑實據作為基礎的。只是我知道，如果我們要持續給人可靠的觀感，在公開場合就必須稍微克制，低調一點，並且表現得更加有責任感。有鑑於此，我或麥特在接受訪問或參加座談會的場合上談起我們自認可以取得的進展時，要是表現得有點興奮過頭的話，就會互相使一個眼色，好作為「提醒」。

然而，當我看到社區自我轉變的速度如此之快

時，我真是愈來愈難以壓抑自己的熱血澎湃。我還記得我在這段快步進展的期間主持過一次策略會議，理事會成員、顧問和全體人員都來了，現場約 20 人左右。會議大概進行到某個階段的時候，有人問我們認為 Water.org 最重要的目標是什麼，我不加思索就把我和麥特私下討論的目標說了出來。「我們要解決水危機──在我們的有生之年。」我對大家說。

全場靜默。

當時我們英明的理事會主席琳恩・塔利恩托（Lynn Taliento）瞥了麥特一眼，彷彿在說：「這傢伙瘋了吧！」然後我望向麥特，結果看到他也用「那個眼神」看我。大家笑得有點彆扭，不過最彆扭的還是我。這時有人問道：「我們現在談的是誰的一生？這裡最年輕、最健康的人是誰？」轉瞬間，我們竟開始認真地把大家的年齡列成表，並討論能否把我們的目標用時間軸標出來。這本來不是我的用意，我只是想表達，解決這個世界的水危機確實是一個十分膽大的

目標，但並非遙不可及又虛幻的目標。做這件事不需要出現某種技術上的大躍進才有可能，比方說找到癌症或 AIDS 療法那種大進展。也不必以重大的外交手段來施壓、交涉或做出痛苦的讓步，譬如用來處理以色列和巴勒斯坦衝突的那種手段。要達成我們的目標，首先必須認可這是有可能做到的事，其次則是做這件事需要資源才有可能辦到。

不管是前者還是後者，都非同小可。然而一旦開始用這種角度去看事情，就會發現提議用一輩子去解決這個問題，看起來再也不像是空口說白話。若是提別的建議反而開始顯得不負責任，說我們做不到反而顯得我們缺乏想像力或意志不堅。

最後，我們將這一系列策略會議的內容編寫成白皮書，並以我不加思索脫口而出的一句話作為題名，將白皮書稱為「有生之年」。由此，Water.org 確立了主要目標。我們的使命不只是解決全球的水危機，而是「在我們有生之年」協助永久解決這個問題。

6

Chapter

跨界構想

講述者：麥特・戴蒙

2013

年的 8 月天，我和蓋瑞坐著吉普車在印度東南部長途行駛了好幾個小時，心情十分挫敗，不只是因為交通的緣故。

通常我們去拜訪 WaterCredit 施行的社區時總是十分愉快，我們會和申請水資源和衛生設施貸款的婦女們聊一聊，瞭解她們每天如何運用多出來的時間。學校也是我們的走訪之處，我們和小朋友一起唱歌：「我們就是這樣刷牙、刷牙、刷牙，我們就是這樣刷牙，在一大早的時候。」另外，我們會和微型金融機構會面，聽取他們報告一樣的好消息：貸款還款率差不多有九成九。

不過，這次行程見到的某些 MFI 透著不一樣的

氣氛，對此我們也不完全感到意外，因為近幾個月，都有貸款計畫觸及人數不如預期的消息傳來。既然還款率沒有問題，那麼問題出在哪兒呢？我們必須找出來。

在那趟行程中，我們每次和 MFI 會面時都會提出這個問題：「你們目前碰到的最大障礙是什麼？」結果他們幾乎一字不差、異口同聲回答：「可穩定取得又負擔得起的貸款管道。」

MFI 面對的最大難題之一，就是提供民眾可負擔的貸款。審核與管理一筆 200 美元的貸款所花的功夫不會比 2 萬美元的貸款少，再加上我們貸款計畫所施行的國家通貨膨脹很高，所以 MFI 為了彌補成本並賺取合理的利潤，往往不得不收取較高利息。

大致上來講，MFI 已經找到因應之道來處理這些挑戰，然而當 MFI 想要擴大提供水資源和衛生設施貸款給民眾時（這畢竟是貸款計畫的重點），問題來了。MFI 需要更多資金才能達到這個目的，而且不是

水的價值

一小筆找個安全的地方藏起來就可以的錢，是只能從大型商業銀行才拿得到的大筆資金。可是大銀行搞不懂窮人為何有能力將無法直接產生收益的貸款還清，這種概念對他們來說十分陌生，所以他們為自己要承受的風險訂出高價，堅持一定要向 MFI 收取非常高的利息，大約是 15%。

這麼一來，MFI 如果要彌補管理貸款的成本，又要還款給大銀行，再加上要賺取一點利潤的話，就必須向客戶，也就是世界上最窮的一部分人，收取大約 25% 的利息。在這種情況下，逐漸有很多貸款申請人因為利息太高而被擠出借貸市場。想必各位一定聽人說過不要用信用卡借錢，除非沒有其他選擇，因為信用卡的利息非常高；說到這，美國信用卡公司平均收取的利息是 16%。[1]

MFI 的努力方向是提升窮人的生活，並非將他們埋在債務之中，所以若是無法盡快調降利息，那麼大部分的人就不會再辦新的貸款。

「可穩定取得又負擔得起的貸款管道。」這就是我們不斷從 MFI 那裡聽到的回答，也是他們的需求。除非 MFI 能找到他們借得起又充足的資金來源，否則能提供給民眾的貸款數量勢必會嚴重限縮。

　　我和蓋瑞之所以一直對 WaterCredit 感到振奮的原因，還有我們為何可以大膽到說出要在有生之年終結水危機這番話的理由，正是因為我們相信 WaterCredit 總有一天能做到讓每個有需求的人都可以取得貸款的境界。然而此時此刻，我們好像已經來到了極限。我們很清楚，除非幫 MFI 找到穩定又負擔得起的資金來源，否則我們就不可能衝破極限。

　　我和蓋瑞開始合作的時候採行了一條原則，那是班・艾佛列克在我倆寫電影劇本過程中制訂的：「用我的好點子有多棒而不是我的壞點子有多糟來評斷我。」

所以我肆無忌憚地對著同坐在吉普車後座的蓋瑞，提出了我覺得應該算很糟的點子：「假如這些 MFI 沒辦法拿到負擔得起的資金，」我說道：「不如我們幫他們籌募怎麼樣？」

我父親肯特・戴蒙（Kent Damon）是股票營業員，所以講到融資我知道就像人家說的那樣，是一件有危險性的事情。在我看來，我覺得應該有非常龐大的資金是我們可以去探觸的。世界各地的機構每年捐贈給發展援助的金額約為 1610 億美元，[2] 聽起來不少，不過全球市場裡流動的資金金額為 250「兆」美元，[3] 比起來這個數字又大得多了。事實上，後者是前者的 1500 多倍。非營利組織不習慣這樣看待那龐大的資金，畢竟那是投資資本，是本來就應該產生財務收益的錢。至於人們（以及企業慈善單位）捐給 Water.org 的錢，則不會附加這種期待。慈善捐贈的概念就是「施捨」的意思，把錢贈與出去，幫忙改善他人生活，從不求拿回來。不過，我們為什麼不能請

大眾和組織用不一樣的捐助方式來對待我們的慈善工作呢？如果請部分人士或單位別捐錢，而是把錢拿來投資，再從這筆投資取得適度的利潤怎麼樣？

　　蓋瑞注意到有一些組織已經開始做這樣的事情，他們用投資資金來資助慈善工作。他不知道我們能否成功，不過他也找不到我們「做不到」的任何理由，我也找不到。我告訴蓋瑞，我有信心一定會有投資人願意接受冒一些風險、收取較低的利潤，以此擔保讓人們得以改善生活。我的意思是說，我本人就願意這麼做，然後我領悟到，這其實就是一個開始。於是我說：「如果我們可以把這件事做起來的話，我來當第一個投資的人。」

　　印度之行接近尾聲的某一天晚上，我們在邦加羅爾（Bangalor）作東邀請印度一些 MFI 的高層領導來餐敘。蓋瑞問他們：「如果我們可以提供資金給你們，而且你們要付出的成本只有現在的一半，那麼你們可以觸及多少需要幫助的人？」

Chapter **6**

其中一位高層說道：「二倍。」

蓋瑞又問道：「你最快什麼時候可以開始進行？」

對方的回答倒也乾脆：「明天。」

假如各位很幸運，存在銀行裡的錢沒有隨時要支用的必要，而你又正尋思拿這筆錢做點什麼事的話，大概很多人會有兩種選項：把其中一部分錢捐給非營利機構，用這筆錢為世界做點好事，又或者將這筆錢投資到市場，希望有利於拓展自己的財源。如果你選的是前者，那麼你願意接受零利潤；如果選後者，你尋求的則是最大收益。

我和蓋瑞提出的方案，並不完全屬於這兩類中的哪一類。因為從某方面來講，我們的方案不是慈善施捨，從另一面來看，也不是以賺取最大利潤為目標的投資操作，而是一種介於這兩者之間的做法，在我們

看來也並非激進的構想。在慈善施捨與追求最大利潤之間應該有寬廣的中間地帶，難道不是嗎？但是我們開始實地進行測試，把構想拿去探詢慈善事業和金融界的聰明人士之後卻發現，這不是那麼容易讓人願意買單的事情。對很多人來說，「施捨」和「投資」這兩者之間看起來就像蘋果和橘子一樣是兩碼子事，而天真爛漫的我們卻試圖遊說大家接受⋯⋯怎麼說呢，蘋果和橘子的綜合體。

如果我當時就熟讀《誰說人是理性的！》（*Predictably Irrational*）這本暢銷書的話，大概就能預料到反應不佳的狀況了。該書作者丹‧艾瑞利（Dan Ariely）是行為經濟學家，他主張人類會以兩套截然不同的常規過生活，而且也會根據情況切換規則。第一套常規是「社會常規」（social norms），在此常規之下，我們的本能是施與，是無私，是確保他人獲得他們需要的東西。[4] 另一個是「市場常規」（market norms），這種常規使我們直覺要發揮效率，要獨立，要在個人犧牲

Chapter 6

最少的情況下獲取個人最大的利益。[5] 由於市場常規和社會常規會競爭優先順序，我們很難同時用這兩套常規來生活，所以行事上會變成在兩種常規之間做切換，誠如艾瑞利所言：「一旦市場常規進入我們的思慮，社會常規便會退場。」[6]

　　有很多例子可以解釋這種現象，艾瑞利就以美國退休者協會（American Association of Retired Persons，AARP）要求律師調降費率至每小時 30 美元為例。AARP 希望能提供退休人員可負擔的法務服務，但沒有律師願意這樣做。於是 AARP 改變戰術，他們請律師提供免費服務，結果情況瞬間翻轉，眾多律師表示願意免費提供服務。既然律師不願接受每小時 30 美元的諮詢費率，又為何願意一毛錢也不收呢？這是因為 AARP 不自覺地將該組織的要求從市場常規範疇（在律師聽來是糟糕的提議）移開，改而放入社會常規領域（此舉讓律師認為自己花時間做了崇高的工作）的緣故。[7]

既然人類沒辦法同時用兩套常規過生活，所以兩種常規可以說各據山頭。商業界自然頌揚營利動機，非營利組織則以非營利動機為依歸。有時候在基金會的**內部**，也會出現這種壁壘分明的態勢：一組屬於次文化的人馬負責管理基金會的投資並擴充捐款，另一組人馬則負責把錢分發出去。所以這有時候會導致非常奇特的狀況，比方說組織將錢投資到會汙染環境的化石燃料公司，然後再把獲利拿來補助那些對抗氣候變遷的組織。

撇開這類例子不談的話，從表面上看倒是天下太平，商業界（以及商業界的投資）賺錢，慈善單位送錢。但實則不然，這是大規模資源分配不當的結果。假如致力於行善世界的組織不得碰觸市場裡的 250 兆投資資金，也就是說我們唯一能運作的金額就是每年用在發展援助的 1610 億美元，那就表示我們試圖用區區 0.065% 的資源來解決世上最艱難的問題。[8] 這可不是成功的祕訣。

但是，在關注自身福祉的同時，也兼顧到世界的未來，這理當是可行的。談到這一點，請容我再次向各位介紹先前提過的權威人士，我的母親南西・卡爾森・佩吉。

我讀大學的時候，她列了一張清單，上面載明她不會投資哪些領域，因為這些都是有害的領域，譬如會汙染環境的企業顯然就是其中之一，或者是危害人權的公司。我記得自己當時心裡想母親這麼做很棒，只是就像一般親子間常有的狀況，時光荏苒，我一直無法體會她的觀念在她那個時代有多麼先進。（我現在也對女兒們強調這一點，但效果還是很有限。）直到多年後我和蓋瑞研究金融界，這才明白母親就是早期一批在做後來被稱為「影響力投資」（impact investing）的人。

影響力投資一開始是從「撤資」開始的，這就

是我母親對她的投資組合所採取的做法：篩選投資標的，移除不道德的投資。其實有些宗教教派從 1700 年代就已經開始這樣做了，當時他們極力反對從蓄奴和戰爭獲利，譬如貴格會（Quaker）和衛理教會（Methodist）。[9] 不過這種觀念並沒有成為主流，直到 1960 年代末，各大學、工會和非營利組織紛紛起而用更具批判的角度來審視投資標的，[10] 撤除投資那些販賣香菸和槍枝的公司。[11] 這種運動一向低調進行，但到 1980 年代中期南非實施種族隔離期間，社運人士開始施壓投資人從南非企業撤資。後來我念大學的時候，學生為了督促大學做出撤資行動而發動示威抗議並遭到逮捕，經常占據報紙標題。[12] 信仰團體、州政府與市政府以及勞工工會把他們的錢從南非抽走，並號召大型企業、銀行和美國政府加入行列採取行動。[13] 到了 90 年代初期，在南非做生意的公司總計有 200 多億美元的資金被撤走，所造成的經濟衝擊影響深刻，有人認為正是這種衝擊施壓了南非政府參與

交涉，最後終而結束種族隔離。[14]

　　這些成果促使這場運動把眼光放得更大更遠。停止投資專制政權、不道德的公司和危險產品是一回事（當然也是非常重要的事），不過從另一面來看的話，如果鼓勵大家投資好的事物怎麼樣？我不是指投資優良產品，畢竟打造更優質產品的公司從不乏人投資；我指的是投資那些解決世上最大難題的方案。也許做這種投資永遠都不會產生買股票會賺到的那種收益，比方說買 iPhone 上市之前的 Apple 公司股票之類的，但若是可以有效運用金錢，以利創造更美好、更公平、更安全的世界，而且同時又能獲得一筆不錯的收益呢？

　　茱迪斯・羅汀（Judith Rodin）就是由此處著手的。2005 年，賓州大學（University of Pennsyvania）前校長羅汀被任命經營洛克菲勒基金會（Rockefeller Foundation）。這個家族名號向來是富可敵國的代名詞，可一路回溯到基金會最元老的創始人約翰・戴維

森‧洛克菲勒（John Davison Rockefeller），不過羅汀接掌該基金會的時候，忍不住注意到**缺錢**的問題。還請各位別誤會，洛克菲勒基金會的資產對 Water.org 這類組織或幾乎所有非營利組織來講，絕對就像成真的美夢，只是當羅汀把這些龐大資金拿來跟基金會試圖解決的問題規模一比，這些錢卻突然顯得相形見絀。

　　早前五年，世界各國幾乎都簽署了宣言，承諾要實現聯合國的「千禧年發展目標」（Millennium Development Goals，MDGs）。這些目標充滿雄心壯志，包括各國誓言終止飢餓並確保全球兒童都能接受初等教育等等，所以各個目標所需的經費也非常龐大。有些預估數據顯示，每年大概要追加發展資金 820 億到 1520 億美元不等，才能在 2015 年實現目標。[15] 這些數字揭露的是一個巨大又迫切的融資缺口，如果要達成那些目標，基本上各國必須增加一倍的外援預算。各位就算不是財政部長也很清楚，這種

事不可能發生。

諸如洛克菲勒基金會這種大型組織，無論其資金有多雄厚，就連填補這個缺口的邊邊都沾不上。洛克菲勒基金每年約提供 1 億美元左右的補助，[16] 而全球最大的慈善基金會蓋茲基金會，在當時每年提撥的補助款約為 13 億 5000 萬美元。[17] 即使這筆錢全部撥給 MDGs（實際上並沒有），也不夠付頭款。有鑑於此，這個世界需要的是另一種解決方案。

於是茱迪斯·羅汀便著手另尋解決之道。 2007年夏天，她和團隊召集了一群投資人、慈善家和企業家，在北義大利一棟可以俯瞰科莫湖（Lake Como）的漂亮別墅聚會。[18] 這棟別墅是很久以前一位義大利公主捐給該基金會的，這便是當你姓洛克菲勒的時候會有的機緣。[19] 基金會數十年來利用這棟別墅將有創意思考的人聚集於此，激發他們發揮創想能力。羅汀為這次的夏日聚會指定了清楚明確的任務：找出如何動用更多資金為社會和環境做更多好事的方法。

這個小組相信，在掌控著全球資金的人士當中，一定會有一些人可以被說服，願意將這種類型的投資擺在第一優先。不過他們認為，假如這種做法當真做得起來的話，會需要用到名稱，所以他們便創造了「影響力投資」這個名詞。他們也發現，如果要讓這種運動成長擴大，就需要某種程度的組織，於是洛克菲勒基金會組織了一個網絡，讓有影響力的投資人可以聚會、共同合作和交流意見。另外這個小組體認到，倘若要說服更多金主來投資，在發揮影響力的同時又能獲利，就需要像投資人評估收益那樣用同樣嚴謹的途徑來評估影響力，也因此基金會協助建立了「全球影響力投資評等系統」（Global Impact Investing Rating System，GIIRS）。GIIRS 就像其他評等系統，會評估每筆資金的綜合表現，不過此系統還會評估資金的投資標的對環境或某社區居民的生活等等發揮何種影響力。[20]

別墅的那場聚會產生了幾股重大推力。十年間有

水的價值

愈來愈多以影響力為導向的資金湧現，也有愈來愈多投資人開始將這種投資列為優先要務。湖邊那場聚會過後 11 年，一份報告描述了這段時間以來的轉變：當初那場小小的顛覆行動，如今已經轉化為「複雜又豐富的投資生態系統」。[21]

當然，我和蓋瑞不是只對影響力投資領域不熟，我們對整個投資界都很陌生，事情就是如此。我們和非常多金融界人士談過，包括認識和不認識的，向他們請教蓋瑞在剛推動 WaterCredit 時會問的那個幼稚的問題：為什麼這個做法行不通？

我第一個請教的對象是我父親。很多父親大概都會夢想孩子回到家裡問他「爸，我想知道你工作上的事」的那一刻吧，我是這樣想的。我很確定在成長過程中曾經和父親有過這種對話，不過坦白說，我不

是很懂他講的概念。所以到了我 40 幾歲又回過頭去問父親工作上的事情，感覺就好像接觸到新的領域一般。當我把我和蓋瑞的構想解釋給他聽時，本以為會馬上被他否決，以為他會溫和地向我解釋為何不可行。然而他沒有，他思考了一會兒之後告訴我，他相信這個做法「有機會」成功。所謂成功的影響力投資，必須有穩固的收益和可靠亮眼的數據，證明此筆投資確實能改善生活，而我們提出的投資方案一定能符合這兩個條件。

看到父親對我們的構想感到興奮，真的給我莫大的鼓舞，但就像他諄諄告誡的，我們還有很多問題需要解決。我和蓋瑞還在學習基本的金融詞彙，當時各位如果問我什麼叫「資本結構」（capital stack），我一定會把它想成一疊鈔票堆起來的樣子。我們也必須在一堆很複雜的東西當中掙扎摸索，譬如匯率操縱、非營利組織稅務法（此類法條在很多情況下會因國家而異），同時還要設法克服資金很難進出印度這類地方的

問題。我和蓋瑞認真思考過，是不是該力勸真正的專家來執行這個構想，我們退到場邊搖旗吶喊就好。

但是當初推動 WaterCredit 的經驗激勵了我們努力證明自己的理論，用審慎的方式推動構想，再加以發展壯大，然後像比爾·柯林頓給我們的建議那樣，繼續「衝高那些數字」，直到數字大到沒有人可以忽視為止。

很幸運的是，我們 Water.org 已經建立了一個能力高超的團隊，十分瞭解水資源和衛生的市場及微型融資業務。我們的前營運長基斯·史丹姆（Keith Stamm）曾經和私募基金投資人合作，他回來協助我們擬定計畫，幫我們摸索出蘋果和橘子綜合而成的變異體的明確樣貌。我們決定從 1000 萬美元的資金開始做起，將收益目標設定為 2%。這等規模的資金可以為 73 萬以上的居民取得乾淨的用水和衛生設施。

我們的理事會為此感到心焦，有這種心情也是自然的，畢竟這對我們來說是非常激進的起步。先前我

也提過，「老鼠屎」才在金融危機中重傷了世界，所以即便我們知道自己有最崇高的意圖，但如果搞砸的話恐怕會陷入大麻煩。因為這筆資金如果運作失敗，會連帶拖垮 Water.org 的信用，我們就只能任憑政府監管機構和美國證券交易委員會的宰割了。所以，這也是在測試（而且是事關重大的測試）我和蓋瑞數年前承諾要做到的大膽願景（又或者是「大放厥詞」），當時我們說服理事會相信，花一輩子的時間終結水危機的目標其實是觸手可及之事。現在我和蓋瑞至少已經說服了對方，既然已經做出大膽的宣告，就不可以從承擔實現目標會有的風險中臨陣退縮。

最後，理事會斷然同意了。到了做決定的那一刻時，有人轉向理事會主席琳恩·塔利恩托問道：「我們真的要這樣做嗎？」

琳恩回答：「他媽的，就做吧！」

Chapter 6

然而，市場力量並非 MFI 機構難以取得可負擔資金的唯一原因，政府部門也要負一些責任。印度的中央銀行——相當於美國聯準銀行（Federal Reserve Bank），有一項名為「優先貸款領域」（Priority Sector Lending）的政策，這項政策若是運作得當，其實是相當聰明的政策。該政策要求銀行必須分配一定比例的資金給幾個重要領域，例如教育、農業和小企業等等就是優先領域。這些領域確實很重要，但是水資源和衛生環境沒有被列入其中就不是好事了。這一點對 MFI 來說更是很大的問題，因為借錢給 MFI 的銀行，必須針對所有非優先領域類的貸款收取較高的利息，即便是提供給用水和衛生設施貸款給貧民。

　　說到這裡，我知道很多人會以為名人應該置身政治之外，甚至離政策制訂遠一點；不過我要告訴各位，我會試著盡量不要養成設法改變他國政策的習

慣。（這並不是說我過往在改變美國政策方面有多棒的紀錄似的。）然而，我和蓋瑞都認為必須設法改變這種優先貸款的政策才行，因為這個政策不只未能將水資源和衛生貸款列為優先，而且對這個領域的貸款產生了十分不利的影響。諷刺的是，這個政策也會危害到印度即將推出的最大目標之一：印度政府打算宣布一個五年 200 億的運動，終結民眾隨地便溺的行為。不是減少，而是終結。Water.org 的印度團隊由我們非凡的同事尤岱‧山卡爾（P. Uday Shankar）和彭恩‧安南斯（Pon Aananth）領軍，他們帶頭去勸說中央銀行把水資源和衛生環境放入優先清單中；多虧他們，我終於得以在印度儲備銀行（Reserve Bank of India）的會議室裡，遊說該銀行變更借貸政策。而且我也很清楚，力勸銀行改弦易轍的人不只我一個。

我不知道那天自己做了多少貢獻，特別是跟我們印度團隊及其他在印度為水資源和衛生而戰的其他

人比起來，不過最重要的是，大家的努力成功了。那並非一朝一夕發生的，但是印度儲備銀行終於把水資源和衛生環境列入了優先領域清單中。印度在許多方面都變成了我們的「實驗場」，讓我們能夠測試新構想，倘若成功的話，便可拓展到其他國家。我們可以感覺到這股動能正在逐步發展，也知道著手為我們的資金進行遊說的時機成熟了。

我和蓋瑞開始現身在各種會議和機構辦公室這些基本上不太可能看到演員或水資源及衛生工程師出沒的地方，譬如國際金融會議、投資銀行等等。我們也去瑞士達弗斯參加世界經濟論壇，全球菁英人士繳納數目驚人的會費到高級度假滑雪勝地討論收入不平等的禍害。這場活動和我先前提過的紐約柯林頓全球倡議很像，只不過來參加這場活動的人身上穿著的是 2000

美元的皮草翻領雪衣。各位或許也想像得到，人們對這場活動議論紛紛。我聽過最厲害的形容之一，就是說達弗斯是「一群億萬富翁對一群百萬富翁講述中產階級作何感受的地方」。[22] 你絕對可以相信這種說法很準確，因為分享此洞見的人正是億萬富翁傑米‧戴蒙（Jamie Dimon）。

達弗斯是個誘人的標的。自我覺察這種東西在阿爾卑斯山區稀薄的空氣中固然十分短缺，不過集結世上最有影響力的一些人，探討全球最迫切的問題，並共同想辦法利用自身力量改善世界，這一點還是可取的，我當然也不吝於給予讚美。也因此，我和蓋瑞練習好推銷簡報，便前進達弗斯。在達弗斯舉行的世界經濟論壇現場，與會人士流連於飯店大廳以及在論壇期間變身成「企業迎賓區」的臨街店面（賓客來此喝杯熱巧克力，坐下來討論有何策略可以達成 2030 年的永續目標），形成各種討論正題的小聚會，所以我們會四處拜訪，把關於水危機、已經發揮效果的解決

方案和開發新資金來源擴大實施解決方案的事情，講解給任何願意聆聽的人聽。我們對他們說，窮人的資源那麼少，但是他們願意相信這個方案，擁有這麼多資源的富人願意嗎？

從談話對象空洞的表情來判斷，他們的答案是「不願意」，不過倒是沒有拒絕我和蓋瑞本身。大家對我們十分親切，請我們參加座談會，又頒獎給我們，在我們演說時認真聆聽，演說完後熱烈鼓掌。只是我們似乎沒能成功贏得他們的支持；很多人對我們點頭、微笑致意，還告訴我們「有消息會通知我們」，但沒有給我們任何承諾保證。我感到困惑，這些領導人物及其經營的組織當中，有不少其實樂於捐贈數百萬美元給值得支持的慈善單位（包括我們組織）。此刻我們就在現場，提供機會讓他們的錢可以發揮更大影響力，同時又能從投資賺取收益，可是他們就是不感興趣。現在我可以看到，我們在社會常規與市場常規的交界處慘遭滑鐵盧了。人們把 Water.org 當作

為世上最艱鉅的水資源挑戰尋覓解方

不折不扣的非政府組織，所以不會拿錢**投資**非政府組織，而是直接把錢**送給**非政府組織。有些人說得直接了當：「我用我的仁慈行善，用我的錢賺錢。」有些人代表的機構則秉持化財務風險為最小、追求最大收益的目標（甚至是必要目標）。無論他們屬於哪一種立場，我們都無功而返。

論壇大會的最後一晚，我和蓋瑞心情失望地坐在我們入住的小木屋裡。我腦海裡不斷重複播放別人說要減少不公、做個優質的地球公民之類的情景。難道那些只是空談──大家只是來達弗斯說三道四而已嗎？

結果有一個人現身安慰我們，那就是波諾。好吧，用**安慰**這個字眼來形容其實不太對，因為他看了我一眼之後就狂笑。達弗斯畢竟不是我素來會去的場合，所以我覺得穿著應該得體一點。真是不好意思承認，當時我穿的是針織背心配領帶。波諾覺得我這身打扮太好笑了，還特別把我的領口拍照存證。

Chapter 6

就這樣，大夥嘲笑了我一番。其實我真的覺得很沮喪，我和蓋瑞一樣，對我們的融資構想興奮至極，所以我已經預期所有人應該都會支持這個構想。我認為影響力投資已初見成效，足以讓我們在這個完美的時機點加以推動。然而擺在眼前的情況再清楚不過，假如完全按照計畫進行的話，將會是一場比預期更艱鉅的推銷行動——說穿了是寸步難行。「你怎麼有辦法持續做下去？」我問波諾。此前 20 年間，他不斷督促政府、基金會和公司行號加入對抗貧窮與疾病的行列，即便他和盟友們已經達成一些重大成就，但依舊是難打的硬仗。他是如何保持幹勁，不讓自己垂頭喪氣的呢？他先縱容我一分鐘，認同這的確是辛苦的工作，接著板起面孔勉勵我。你要堅持下去，不要放棄啊，他說。我在想，他以前一定也是這樣為自己打氣的。

波諾知道何時該當討厭鬼，也明白什麼時間點應該當朋友。過了一週，他寄一封電子郵件給我。我

打開那封信後看到自己穿針織背心的照片，信裡面還附上他寫的一首詩，描繪了我倆之間的對話。幾年前我弄丟了這封郵件，波諾的原創作品就此永久消失，真是糟糕。我不是愛爾蘭詩人，所以不會為各位讀者試圖重現原文，但是我身為幾乎擁有英文系學位的人——老實說，我已經快修滿英文系學位的學分了，所以差不多有資格可以告訴各位這首詩在講什麼。這首詩要傳達的是，別因為當今世道令人心頭沉重，就不努力讓世界變得更好。如果你持續努力——我們所有人都持續努力的話，最終這個世界一定會動起來。

7
~~~~~
Chapter

世界動起來

事實證明，波諾說得沒錯，世界**真的**動起來了，來得比我們預期的更快。我和麥特依舊每隔幾年就去一趟達弗斯，而且每次去都覺得大家用更開放的態度來聆聽我們一定得說的推銷內容。我們第一次去達弗斯推銷構想時，大家的反應是禮貌性地點頭，到了我們第二次、第三次去的時候，則漸漸產生「追著你問更多問題」的效果了。

　　如果不是我或麥特表現得愈來愈厲害，就是其實跟我倆無關，純粹是商業界本身變得更樂意傾聽我們的方案。事實上，這兩種情況說不定都是成立的。我們有很多證據顯示我們的模式是有效的，而且團隊現在也已就定位準備持續拓展規模。至於我和麥特，就

像非母語人士為了學習語言而把自己浸淫在某文化中那樣，不斷學習金融界語言的我們，終於開始有能夠流利談論金融的感覺了。

於此同時，我們也發現關於私營部門的角色與責任出現了更廣泛的討論。在經歷 2008 至 2009 年的金融海嘯之後，還是有一些全球資本家巨頭感到有點不安，同時也有充分理由擔心前方會有更大的麻煩，不僅僅是經濟層面的，還有跟他們的社會地位有關的東西，也就是那些執行長所說的「社會經營許可」（social license to operate）*。

到了 2016 年，有兩個十分棘手的挑戰讓資本家（甚或是所有人，就這些挑戰來說）輾轉難眠。第一個挑戰是氣候變遷，科學家提出的警告變得愈來愈迫在眉睫。第二個挑戰是不平等（inequality），如今赤

---

* 簡稱「社會許可」，指企業或產業的標準商業慣例和作業程序能夠被它的員工、利益相關者以及社會大眾持續接受。比方說採礦、平地造林或大型基礎建設等計畫，是當地的利益相關者認為可以接受或是於法有據的。

裸裸的現實就是全球經濟體制僅適用於少數幸運者，金字塔底層的人們只能掙扎度日，設法滿足最基本的需求。當然，這些都不是新問題，然而知道問題在哪裡是一回事，採取行動解決問題又是另一回事，甚至為了解決問題而徹底改變思考和做生意的方式又完全是不一樣的事。這需要花時間下功夫。

　　長久以來，不平等和氣候變遷一直是「房間裡的大象」，明顯至極卻又被集體忽視。對這種問題視而不見並不容易，而且相信我，有些企業為此可下了不少功夫。然而到了 2010 年代中期，不但愈來愈難再繼續忽視下去，這樣做也會顯得適得其反。當時科學模型預測，如果企業不徹底改變作為，接下來 50 年環境和經濟會出現嚴重破壞。至於對社會的破壞，則會深刻到讓公司在很多地方都失去穩定的市場。（在此要澄清一點：我之所以用「當時」二字，是因為我在回想那段時間發生的事，但科學家到現在還在發表同樣的看法，而且次數愈來愈密集。）事實上，社會

　　　　　　　　　　　　　　　　水的價值

層面的破壞已經開始了，世界各地捲起一片民粹派政治運動，他們正在挑戰（也準備要撼動）全球資本主義的根基。

年輕人也是，但並非用政治力量，因為暫時還做不到，而是從經濟力量上著手。2016年，千禧世代成為美國勞動力中最大的世代。[1] 這一代年輕人尤其關注氣候變遷、不平等和各式各樣的其他議題，他們的價值觀也左右著他們要在哪裡上班、購買何種產品，以及賺到足以投資的錢之後該投資什麼標的之類的決定，而且被價值觀和自己相近的公司所吸引。隨著千禧世代步入成年，他們也會刺激（或鞭策）企業領導者對重大的社會和環境議題承擔責任。

正因為如此，麥特在前文中提到兩個領域的分界，即營利與非營利、市場常規和社會常規之間那條界線，逐漸有了正向的調和。另一個好消息是，我已經很少聽到「公司唯一的責任就是為股東創造價值」這套興起於1970年代，後來被奉為金科玉律的資本

主義理論了；這個觀念竟然強調創造價值是公司**唯一**而不是**主要**的責任。近來我反而經常聽聞企業領導者說出類似以下的言論：「長久經營之道就是企業不能只追求財務表現，也必須展現出如何對社會有正面貢獻。」這些話不是邊緣人士說的，而是出自於投資管理公司貝萊德（BlackRock）執行長勞倫斯·芬克（Laurence Fink）之口，他是全球最大資產管理公司經理人，也是金融界最有影響力的人之一。

說到這裡就適可而止吧！我並不是要向各位宣告，所有跨國企業的執行長集體有了偉大的覺醒，我們從此以後就可以在更乾淨的天空下過著幸福快樂的日子。其實每次聽到製作維他命或者是賣太陽眼鏡或鞋子的公司說他們如何改變了世界，我內心依舊充滿了懷疑。

不過有一點我不懷疑；當商業界的對話走向轉變，改而從可以對世界產生何種影響力的角度來考量一筆投資，而不只是看它在投資組合裡的效益，這個

概念似乎也不再是那麼激進的想法了。

　　我們在籌募資金的時候,也親眼見證了這一點。為了第一筆 1000 萬美元的資金尋覓投資人的過程費盡千辛萬苦,我們花了數年時間籌措,最後大部分資金都是來自斯柯爾和希爾頓這一類基金會,還有我們的理事會成員以及其他個人,譬如麥克和索琪・伯奇(Michael and Xochi Birch)夫婦。至於本來就已經以社會公益為宗旨來**用錢**的組織,轉而一邊繼續朝著原來目標前進的同時一邊**投資**,倒也不算太跳脫。

　　然而,就在我們快要籌到第一筆資金時,我們在愈來愈多地方看到大家對於投資我們這種構想的接受度愈來愈高。從資料數據來看的話,似乎不見令人驚豔之處。2012 年,有 250 億美元注入到影響力投資。[2] 接下來六年,金額攀升至 5000 億美元。[3] 全世界的投資資產總額在這段期間成長了 20%,而投資到影響力投資資金的資產卻成長了 2000%。[4] 蘋果加橘子的綜合體終於迎來了它的風光時刻。

不平等和氣候變遷議題得到關注後，也產生了另一種結果：人們對水資源議題更感興趣了。缺乏乾淨用水就是鐵錚錚的實例，而且水資源也是氣候危機的核心，雖然講到氣候問題時，情況會比較複雜。

從〈四分之一人口面臨逐漸進逼的缺水危機〉或〈NASA 警告水資源缺乏將成為本世紀環境難題〉之類的新聞標題，[5、6] 可以看出一些端倪。這些新聞標題特別要注意的地方是，它們談的都是未來而非現在，這就是情況複雜的地方。多年來我一直盼望記者和其他有力人士可以探討缺水危機，好不容易他們終於開口了，談的卻不是當今數十億人口此時此刻面臨的危機，而是**另一回事**──是未來水資源供應枯竭時會發生的危機。

當然，世人把焦點放在未來的缺水危機是非常必

要的，我作為一個畢生都在為確保每個人都能取得水資源而奮鬥的人，未來全世界會有數十億人口飽受缺水之苦，這種可能性讓我十分害怕，我們理當現在就要開始為此進行規劃。

然而深入瞭解未來可能的缺水問題之後，我反而更加擔心世人會以為，讓更多人可以取得用水會加劇未來供應量進一步減少時導致的缺水危機。這種理論表面上看起來似乎有它的道理，但實際上並非如此。首先要明白的是，缺水問題是區域性的，而非全球皆然。舉個例子來說，缺水和缺石油是不一樣的，我們有全球石油市場，但沒有全球用水市場（雖然買得到斐濟牌瓶裝礦泉水），未來也不可能會有舉足輕重的用水市場這種機制。換句話說，我們可以把大批大批的原油桶運送到全球各地，但不可能建造一艘大船，大到足以裝載某個國家單單一日的用水量。因此，水資源就目前來說是一種在地性的日用品，未來也會是如此。以這種角度來看，讓更多印尼民眾取得用水，

為世上最艱鉅的水資源挑戰尋覓解方

對美國加州的水供應並不會有任何影響。

　　而關於水利用的第二件應該要知道的事情就是，家庭耗用的水量其實對整體水供應的影響相當少。人類絕大部分的用水並非一般家庭用水，放眼全球，人類使用的淡水當中約 70% 用於農業，19% 用於產業，[7] 只有 11% 為一般家庭用水。[8] 此外，貧窮家庭用的水量比富裕家庭少，畢竟貧窮家庭不會用水來照顧郊區住宅前的蔓生草坪。[9] 換言之，幫生活窮困的人接水管解決眼前的用水危機，並不會讓未來會碰到的其他缺水危機變得更嚴重。

　　事實上，反而能減緩危機，因為為了解決當今缺水危機所採取的行動，應當有利於我們為日後的危機做好準備。舉例來說，一個家庭如果有了雨水收集系統，就可以把雨水儲存起來留待乾旱時使用，如此便能更有效地因應不可預期的狀況。當更多居民接通自來水，就可以善用公共基礎設施，即便碰到非常麻煩的處境，也比獨自承擔來得可靠。還有，當公共事業

水的價值

單位花錢改善設施時，整個社區都能受惠，包括最貧困的區域在內。

最窮的家庭正是最需要在應變力這方面做投資的人，因為缺水問題發生時，最貧困的人首當其衝，而缺水問題在某些區域來講又是不可避免會發生的事（現在也已經發生）。試想如果各位唯一的水源離你需要數小時路程，雪上加霜的是它還乾涸了。又或者你靠雨水種植農作物，以此養家活口，無奈老天就是不下雨。現今在撒哈拉沙漠以南的非洲地區（Sub-Saharan Africa），90% 以上的鄉間人口以務農為生，超過 95% 的農耕仰賴雨水而非灌溉系統。[10]

我們的團隊有幾位同仁去過衣索比亞北部的提格雷（Tigray）地區，看到山坡地上有黃色小點星羅棋布，那是要去找水的婦女拿著的水桶，她們每天大多都要走二到三個小時路程去取水。有一些婦女告訴我們同事，在還沒為了開闢農地而把樹木砍掉，以及氣候變遷導致下雨頻率減少之前，當地的風景是綠意盎

然的。

　　我們的同仁問那些婦女，她們的祖母和曾祖母以前都走去哪裡取水，跟現在一樣的地點嗎？結果提格雷的婦女說，其實她們的長輩不必去任何地方取水，過去這座村莊本身的水源就很豐沛。現在那些水洞全都乾掉了，這些婦女才不得不走大老遠去找替代水源，或者是在曾經有水塘和河流流淌但現在已經乾涸的地點往下挖，看能不能找到水。這種糟糕的情況又因為現今提格雷地區可怕的衝突而變得更嚴重。

　　未來若是發生缺水危機，提格雷這類地區一定會受到最大衝擊。身在富裕國家的人們當然也不可能免於氣候變遷的影響，世界上沒有任何一個人可以，但是我們確實有資源可以解決水的供應問題，譬如打造海水淡化廠將海水淡化成飲用水，或者是興建廢水處理設施，重複利用人類用過的水。不過開發程度較低的國家如果碰到水供給枯竭的問題，最貧窮的居民有三個基本選擇。第一個選項是，他們可以想辦法用

愈來愈少的水過日子，但如果因此生病就必須支付醫藥費，最後說不定會病死。另一個選項是為了水源減少問題和鄰居大打出手，蘇丹的達佛（Darfur）地區就已經發生這種事。又或者採取第三條最有可能的選項，他們可以遠走他鄉，變成水資源難民，另覓一個讓家人有足夠用水的家或避難所。

這種大規模的遷徙對兩地的家庭和社會來說，自然會產生劇烈的動盪。過去十年最大的一場人道悲劇就是敘利亞內戰，連年乾旱是造成這場內戰的根本原因之一。[11] 過去四年乾旱毀掉了敘利亞的農田，導致全國 80% 的牛隻死亡。[12] 農民跑去都市生活，可是他們在都市裡找不到工作。誠如一位專家所指出的，這場遷徙的結果就是出現了「很多憤怒的失業男人，進而觸發了革命行動。」[13] 當然，因此而產生的後果不僅僅發生在敘利亞境內，由於難民紛紛往歐洲各處湧去，在這塊大陸上的各個國家激發了民族主義運動和政治破壞。現在請試想一下，假如眼下有一波波被

迫遷移的人口像漣漪一般湧向世界各地，這數億的貧民不但需要用水，也需要工作和住處；然後再請各位想想看，倘若這些東西全都短缺的話，他們會有多麼絕望。據聯合國估計，到了 2030 年，無法取得用水有可能迫使高達 7 億人口流離失所。如果這件事發生，將會是前所未有的全球難民危機。[14]

但這場危機是有機會避免的。假如世界有更多地方擁有可發揮功能的用水系統，那麼危機來臨時我們就可以改造這些設施，就像我們在美國做的一樣。今日投資用水系統，就能為明日打造彈性空間。

我認為我們已經不需要更多理由來解釋為何應該幫助更多人取得用水，但以下這點一定要提一下：在一些首當其衝的地方，供水設施有利於居民因應氣候變遷。

這個概念似乎也正逐漸被世人瞭解。 2000 年世界各國簽署同意「千禧年發展目標」，當時這些高階目標完全沒有將水資源和衛生環境納入其中。 2015

年，聯合國擬定未來 15 年的工作事項，也就是「永續發展目標」（Sustainable Development Goals，SDGs），其中一項目標就是確保所有人都能取得用水和衛生設施（即 SDG 6，如果各位也在追蹤這件事的話，提供給你參考）。就在同一年，世界經濟論壇將水危機——而且是多重危機，包括水供應短缺和現今無法取得用水的問題，列為未來十年最大的威脅。[15]

另外就在不久前，一群跨國企業，包括微軟、陶氏化學（Dow）、百威英博（AB InBev）和其他公司在內，共同組成了「水資源復甦聯盟」（Water Resilience Coalition），旨在闡述解決水危機的商業效益。這些公司已經看到危險訊號，如果世界經濟論壇預測正確，而氣候變遷造成的水資源相關損失導致某些區域的國內生產毛額到本世紀中萎縮高達 6% 的話，就會危害到全球經濟以及這些公司的盈虧。[16] 該聯盟承諾透過自身的行動來改善水資源供應，並攜手合作加強當今世界承受水供應遭到衝擊時的能力。[17]

到了 2010 年代下半場，掌控全球資金的人士終於開始給予水資源議題應得的關注，而且比起過往他們更願意投資那些可以改善生活的行動。我們發現，這就是我們的機會。

一般人通常樂於捐錢給非營利組織，沒有人會要求非營利組織管理他們的錢；如果有這種人的話也非常少。管理捐款者的錢不是我和麥特的強項，但實際上這卻是我們廣邀大家共襄盛舉的事情。如果要籌到大量資金，我們就必須證明我們比任何人更瞭解水資源和衛生環境，我們會善用每一分錢，並且能夠創造豐富的收穫。換言之，我們要說服大家相信，非營利組織會去做他們以往對這種組織的既定認知中不可能去做的事情。

我們的影響力投資業務由傑出的團隊主持，成

員包括約翰・莫耶（John Moyer）、艾力克斯・勒貝克（Alix Lebec）、漢娜・柯維奇（Hannah Kovich）和吉娜・扎諾里（Gina Zanolli）。然而，即便有這些出色的同仁，他們也無法做到不可能的任務。我們很納悶，明明有更好的方法，為什麼還要把這個非營利組織弄得格格不入？如果創建一個完全獨立、有別於 Water.org 的組織，而且是個專業領域截然不同的組織呢？正是因為腦海裡有了這個想法，我們決定要設立資產管理單位，或者可以說，這就是有我們自身風格的富達投信（Fidelity）或波克夏・海瑟威（Berkshire Hathaway），就是那種各位會放心將退休金交給他們去投資的組織。只是不一樣的地方在於，我們不會投資科技或健康醫療公司，而是將錢專門用來擴大取得乾淨的水和衛生設施。因此我們在 2017年推出 WaterEquity，這是第一個致力於解決全球水危機的資產管理組織。有鑑於一般人通常不會請演員或工程師來為他們的錢做投資，所以我們招聘真正的

為世上最艱鉅的水資源挑戰尋覓解方

金融專家組成團隊來做這項業務，並由資產管理界的識途老馬保羅・歐康諾（Paul O'Connell）領軍。

想當然耳，你不能把投資組織經營得像非營利組織那樣，請原諒我說得這麼直白。即便是這種行善的投資組織也不行。約有三分之二的影響力投資人被稱為「雙重底線投資人」（double bottom line investor），這表示他們在做投資的時候，一方面為世界做好事，但另一方面也希望所做的投資能夠像投資一般市場那樣賺到同樣的報酬。[18] 如果我們想要他們投資 WASH（即水、衛生設施與個人衛生），就不能跟他們說：「你賺到的收益會很低，可是這一切都是為了行善。」我們必須想辦法拉高收益。

提高家庭貸款者的利息，方法最簡單又最明顯，但對我們來說是「禁區」；絕無虛言，我們完全不接受這個選項。沒錯，提高利息確實能增加收益，但也會讓窮人更貧窮，所以我們必須另尋解決之道。

由於我們和 MFI 夥伴們做的事情很新穎，我們

水的價值

深信一定可以降低管理貸款的成本，提高投資人的收益，讓營運更有效率。我們也著手瞭解所謂的「混合融資」（blended finance）*，這種東西聽起來簡直就像世上最乏味的冰沙，但在這件事情上請相信我，混合融資是非常有意思的東西，它可以讓更多投資人獲利，但又不必踩在窮人背上賺取這些利益。

混合融資的運作方式其實就是把各式各樣的投資人集結起來，從對風險低容忍度的投資人到可承擔高風險的投資人，又或者從不期待有任何收益到期望得到的收益可以跟一般市場投報率一樣高的投資人等等，然後將這些投資人的資源全部集中在同一筆資金。運作的細節我就不多說了，因為重點在於這種方法**確實**有效，而且實際上可以說效果真的非常好，尤其以推動的是能夠滿足窮人迫切需求的新類型影響力

---

* 利用開發資本鼓勵民營企業投資於致力解決社會難題的事業，進而達到改善現實世界的目標。

投資來講。

　　我先前提過籌措第一筆 1000 萬美元的資金歷經了千辛萬苦，結果到了 WaterEquity 的第二筆資金，美國銀行（Bank of America）一開口就說要提供 500 萬美元的投資，同時還表示他們很樂意放棄收取這筆資金的利息。這個慷慨的舉動讓整筆融資的投資人可以獲得更高的利潤。我們的第一筆融資目標是取得 2% 的收益，而第二筆融資因為有美國銀行的支持，我們得以設定 3.5% 的收益目標，進而使我們能盡情觸及到全新的投資群。由於加入的投資人非常多，多到我們的第二筆融資竟然是第一筆的五倍，這就是混合融資的威力。

　　WaterEquity 有了這麼龐大的一筆資金，就能把服務範圍從印度拓展到印尼、柬埔寨和菲律賓。我們預期接下來七年間隨著資金部署妥當，將可讓 460 萬人取得安全的用水和衛生設施。

　　像這樣的資金真是令人雀躍，不過我們也知道

即便 Water.org 和 WaterEquity 規模龐大，也無法管理解決水危機所需的全部資金。所以我們的長期目標是激發**體制的改革**，建立歷久不衰的資本市場，將需要安全用水的人和有資金可以相助的人連結起來，如此一來雙方都能受惠。當市場能夠為雙方創造價值，自然就意味著市場發揮最佳功效。我們看到市場努力讓許多地方取得用水和衛生設施，我們也設法破解密碼，讓市場可以在全世界各個角落運作。

這就是我們把自己當作社會企業家的原因。通常企業家會找到利基，打造自己的智慧財產，創造價值，最後讓公司上市。我們作為**社會**企業家循的也是同樣路徑，只不過講到「上市」這個部分，我們指的是和全世界分享 IP，將程式碼開放給其他投資人，真心呼籲他們學起來，這樣就能一起走上我們所展望的歷久革新之路。

WaterEquity 起飛的同時，Water.org 也收到好消息，而且這個好消息來自一個起初真讓人有點意想不到的來源：啤酒公司。我們團隊得知時代啤酒（Stella Artois）有意加入解決水危機的行列，於是遊說他們推出合作計畫。時代啤酒每賣出一罐啤酒就會分一部分利潤捐給 Water.org，另外他們也會針對水資源議題全力發動行銷力。這家公司素來以聰明又有效的大型廣告著稱，因此我和麥特對於時代啤酒團隊能夠投入製作有關乾淨用水需求的廣告宣傳活動，以及消費者將會有何反應感到十分興奮。「請女士喝一杯吧」就是其中一項宣傳活動，我知道這個廣告詞聽起來有點 50 年代風，不過廣告詞的用意就是要吸引觀眾的注意力，而且效果也非常成功。只要觀眾繼續聽下去，宣傳活動就會讓他們知道世界上有數百萬女性每天必須花數小時找水，現在只要購買時代啤酒，就能

幫忙支付她們接水管的費用。「把水傳出去」是另一個大型廣告。時代啤酒把他們著名的高腳酒杯做成特別版，而且負責設計的藝術家都來自 Water.org 所服務的國家，該廣告甚至募集到更多錢來對抗水危機，也由於廣告活動做得太成功，時代啤酒自此每年都會發表新系列的高腳杯。

對時代啤酒來說，這不只是行善，捐贈一部分的每日銷售額實際上對財務來講是好事一椿。時代啤酒及其母公司百威英博都表示，消費者買啤酒的時候其實買的是一點點心曠神怡，一點點輕鬆感——消費者或許也會想把類似的感覺傳達給最需要的人。他們認為，如果消費者覺得買一罐時代啤酒就可以做點好事，一定會想買更多的時代啤酒。結果數據驗證了這個想法，根據最近的調查報告，三分之二的消費者願意用高價購買帶有正面影響力的產品和服務。[19]

非政府組織和啤酒公司能夠達成雙贏的局面並不常見，但這只是其中之一。對 Water.org 來說，我

們不但從這場合作取得亟需的資金，也因此成功將我們的訊息傳遞出去。有一年，時代啤酒在超級盃打了一個廣告宣傳「＃把水傳出去」活動，當然廣告的目的就是要消費者買啤酒，不過這個廣告也給了麥特機會，對 1 億人說明水危機。這種規模的觀眾對麥特來說已經司空見慣，但如果光靠我們組織本身是萬萬沒有機會做到的。

愈來愈多人知道我們和我們所做的事情，更重要的是，他們逐漸瞭解水資源議題，明白可以對這個問題採取行動，而且也已經有人採取行動了。更棒的是，人們想加入這個解決方案，來自各界的捐款使我們得以到更多國家幫助更多人，我們的觸及範圍也因此成長了。愛特思（Inditex）、藝康（Ecolab）和利潔時等企業以及目標基金會（Target Foundation）也都與我們結盟，我們背後可以說有強大的順風加持。

私營部門加入行列，投資人紛紛簽約，Water.org 和我們 WaterEquity 的團隊開始互相幫襯。

Chapter 7

Water.org 的業務指出哪些地方最迫切需要資金，也幫忙建立投資管道，而 WaterEquity 則給我們力量去籌措資金，再將資金轉到需要它的地方。

我記得剛推動 WaterCredit 的時候，我們在印度辦了一場活動，邀集水資源相關的非政府組織領導人一起討論我們的構想，當時來的人不多。我們唯一能找到的會面場所是一間教室，教室裡的桌椅對大家來說太小了，但是他們還是硬擠進小椅子，努力聽我講解我們的做法。十年後到了 2010 年代中期，我們辦了類似的活動，結果場場都有 100 多人參加，必須向飯店租用大型空間才能和每位有興趣跟我們合作的人士見面。這就是我們的觸及範圍成長的具體呈現，而且那還只是其中之一而已。

我們對於水危機最重要的領悟——這個領悟也啟發了其他的一切——就是它基本上就是錢的問題：要解決水資源問題需要難以想像又看似不可得的「鉅款」。但是有了這些新的機制之後，機會因應而生、

源源不絕，漸漸地，籌資看起來終究是一個可以克服的問題。

這段期間我們必須琢磨的一件事，就是如何傳達這些資金**真正**的投資報酬率。財務收益可以用圖表加數據直接表示出來，但除此之外，多虧了這筆資金，我們可以計算取得乾淨用水和衛生設施的人數，藉此表示我們的影響力。然而，這些數字尚不能充分傳達取得用水對人們生活帶來的真正影響，因此我們會用故事來為數據做補充，比方說把布達瑪（Boddamma）這類人物的故事向投資人稟告。

布達瑪是我們同事 2014 年 7 月去印度時認識的婦女。他們相識的時候，布達瑪 39 歲。她和先生及三個 10 幾歲的孩子（二個女兒、一個兒子）住在印度南部的貧民窟。布達瑪是領日薪的工人，丈夫從事木匠工作。

　　水一直是布達瑪一家很大的問題。他們家是一間小屋子，位在陡峭的山頂上，因此每天布達瑪或其中一個女兒都得走一個小時的路去取水，再把一罐罐很重的水桶扛到山頂。由於爬坡實在太辛苦了，所以她們盡量在山腳下洗東西和做好清潔，再將剩下的水扛上去家裡。布達瑪和兩個女兒輪著去工作、上學和待在家，這樣才能完成家裡的取水工作；換句話說，布達瑪會因此損失兩天工資，兩個女兒每週分別缺課兩天。所以不意外地，兩個女兒的學業表現都很差，就跟這個家的經濟命運一樣。

　　2014 年，布達瑪決定處理這個問題。她申請用水貸款 167 美元，請當地自來水公司在他們家門外裝了水龍頭。布達瑪每個月償還 15 元美元左右，這個還款速度對她來說完全不是問題，因為光是每個月多出八天可工作的日子，就能賺到貸款成本的**二倍**。等布達瑪把貸款全部還清之後，每個月就只要繳納少少的自來水費。

布達瑪的兩個女兒也因此能夠天天上學，不像以前每週只能去幾天，課業也跟上許多。她的一個女兒說：「我不希望別人受我受過的苦。」為了幫助鄰居，他們決定把水分給其他三戶人家使用，算下來總共多了 11 個人一起用水，而且不向他們收錢。

　　想想這筆 167 美元的貸款所產生的漣漪效應。一名婦女現在得以賺到錢照顧家庭，兩個女兒如今能夠專注於學業，努力成為自己這輩子想成為的人。另外還有 11 位鄰居，他們也得到了水源就在身邊所帶來的好處，不管是時間、金錢或健康方面。這些好事全都是從單一筆貸款開始的，現在請各位想像一下把這筆貸款乘以數百萬的結果。

2019 年我們去達弗斯的時候，航空公司搞丟了麥特的行李箱。如果說波諾覺得此前五年麥特身上穿的針

織背心令人尷尬，那麼我實在不敢想像麥特對於不得不借我的衣服去穿會有什麼感受。（話雖如此，如果有「誰穿起來比較好看」這樣的比賽，我是沒機會贏過麥特・戴蒙的。）即便如此，各位應該可以想像得到，這一次我們在冷冰冰的天氣裡四處拜會，向願意傾聽的人講解我們的做法時，麥特就算穿著我那件跟不上流行的毛衣，心情看起來明顯輕鬆很多，我自己就是如此。我們一開始就知道，吸引大家支持的最佳做法就是把數字衝高到無人可以忽略的地步。現在，這些不容忽視的數據已經握在我們手裡了。

2019 年，我們終於可以告訴大家，我們動用了 10 億美元以上的資金來對抗水危機。我並不是指我們收到了 10 億美元的捐款和資金，這種規模的資金對我們來說依舊是夢想，我指的是透過我們所推動的借貸循環，合作夥伴們已經發出超過 10 億美元的貸款。（現今這個數字已經來到 30 億美元。）由於我們非常快速又有效率地拓展規模，這多虧了我們傑出的

戰略長（Chief Insights Officer）理奇・索斯登（Rich Thorsten）和營運長（Chief Operating Officer）維迪卡・班達爾卡（Vedika Bhandarkar），我們投資在整個組織的每 1 塊錢，已經因此創造出價值 13 塊錢的影響力。這就是槓桿原理。即便是世界上最富有的一群人，他們聽到「億」這個字的時候還是會豎起耳朵的，而能夠成功達到這種身價的人，有不少在本質上就是擅長解決問題的人。這種人會想把錢押在真正有效果的東西上面。我們有了這樣的數據，就等於擁有證明，可以用來昭告天下這不只是個好構想，也是實實在在的解決方案，大大有利於解決水危機。

也因此，投資界漸漸認真把我們當一回事了。還記得初次去達弗斯的時候，我們上了 CNBC 的財經新聞節目《財經論談》（*Squawk Box*），當時我們被視為商業界的新奇之物。過了數年之後，我們又來到這個節目，此時我們已經有了真正的投資資金可以討論，也有真正的表現指標可以宣傳。2019 年我們

水的價值

受邀上這個節目的時候，和我們同臺的是商業界其他重量級人物，包括百威英博執行長薄睿拓（Carlos Brito）和美國銀行副董事長安妮‧費努卡尼（Anne Finucane）。

我們獲得了這種認可之後，愈來愈多的資助者答應投資。我們花了跟籌措第一筆 1000 萬美元資金一樣的時間，就籌措到第二筆資金 5000 萬美元。到目前為止，兩筆資金都一如預期觸及到非常多有需要的民眾。所以我們要繼續設定高一點的目標，決定籌募 1 億 5000 萬美元的資金。這種規模的融資可以讓我們持續且快速觸及到更多有需要的人。

從麥特之前的組織到我的組織，我們花了 20 年時間觸及 100 萬人。到了 2019 年，從 Water.org、WaterEquity 到全世界各地的合作夥伴，我們**每一季**都觸及到 200 萬人。

8

Chapter

公益創投

假如我們寫的是電影劇本，那麼現在應該要碰到所謂的步調（pacing）問題了。

我們的故事講到這裡，障礙克服了，動能愈來愈強，曾經看似不可能的目標如今觸手可及，我們看起來正迅速朝著高潮場景發展：蓋瑞站在諸如聯合國之類的演講臺後方，宣告全球的水危機……已經終結。

但可惜人生未必能得償所願地展開。突如其來，我們的高潮場景推遲了，故事情節急轉直下，一下子就把我們送回去重寫劇本。

沒有任何預警顯示我們會有這種轉折。2019 年一開始，我們覺得諸事順心，WaterCredit 的計畫蓬勃發展，WaterEquity 的資金籌募也進行得非常順

利。我在達弗斯借蓋瑞的衣服來穿，結果發現他的衣服穿在我身上剛剛好。後來，開始發生奇怪的事了，Water.org 仰賴的捐款金額未如預期成長，甚至**下滑**了，而且下滑將近 20%。

20% 不是計算上的捨入誤差，如果把某樣東西或任何東西砍掉二成，你就會明白那是什麼感覺。各位一定也預料得到，蓋瑞和團隊動員起來尋找背後的原因。但原因並非我們的計畫沒有完成目標；事實上這些計畫的表現經常超越目標。由此可以清楚看到，資金的下滑跟我們的表現沒有關係，或者也可以說跟你指得出來的任何原因都沒有關係。

看起來這個問題也是很多其他非政府組織和社會企業在歷程中的某個階段會碰到的狀況之一：慈善事業的反覆無常。聽起來很瘋狂，也的確很瘋狂，但是慈善事業其實就跟時尚、音樂一樣，有它的流行期。這一刻你很夯，後來某種新東西出現了……此時的你即便沒有完全退流行，也不會再像過去那樣拉風了。

水的價值

誠如蓋瑞先前提過的，水資源的議題在 1980 年代的
「飲水十年」期間蔚為風行，但過後就退流行了。（當
大家用你的名字來為一段十年的時間命名，那絕對表
示你真的很流行。）善行來來去去；還記得呼籲關注
ALS（肌萎縮性脊髓側索硬化，俗稱漸凍症）的「冰
桶挑戰」活動嗎？即便問題依舊存在，但那股風潮已
經過去。另外，到了 2019 年，我們的一些主要捐贈
者被其他更新的融資機會吸引，因此停止提供我們資
金，轉而投資其他事業。

　　然而說實在的，我們對此完全沒有心理準備，我
們真不該忘掉當初飲水十年是如何草率結束的。也許
是我們以為這次會有所不同吧，我的意思是說，我們
一直努力耕耘，包括累積動能、衝高數字、爭取支持
並贏得投資者、測試並改善效果平平的模組，而且做
得相當出色。我們打造了效率非凡的引擎，運作起來
如夢似幻，給它一點燃料，它就能一直跑、一直跑。
然而就在突然之間，油快沒了。

為世上最艱鉅的水資源挑戰尋覓解方

我一直覺得自己好像哪裡做錯了，這種感覺揮之不去。又或者也許是對的事情我做得不夠多。我知道我們的根基強健，團隊十分傑出，我也很清楚，我負責的工作很簡單──讓更多人關注我們出色的成果並予以支持。所以我覺得我失敗了。

　　同年，我們的融資也開始下滑。蓋瑞去牛津參加斯柯爾世界論壇（Skoll World Forum），社會企業家齊聚一堂探討他們的專案項目與計畫，這些人士是全球最有創意的一批社會企業家，他們努力讓女孩上學、對抗人口販賣、改善全球健康醫療。這種活動一向讓蓋瑞渾身充滿幹勁，參加完回來後他總會滔滔不絕告訴我們很多故事以及想嘗試的各種構想。然而這一次不同，那些社會企業家沒談多少他們的創新，氣氛顯得有些低迷。

　　與會的社會企業家談最多的是**錢**，或者確切來講是談**缺錢**，他們幾乎都像 Water.org 一樣，碰到很難籌到資金的情況。這些可都是最有潛力成功的頂尖社

會企業家，卻還是有不少人有斷炊之虞。他們已經展示過他們有牢固又十分成功的構想，所以才來參加斯柯爾研討會，準備進一步拓展他們的構想。然而，沒有人願意提供給這些企業家成長的資金。

這種情況跟我與蓋瑞在營利性投資界看到的完全搭不上。投資者往往願意在大構想賭一把，特別是大有可為的成功構想。在創投界愈是擅長解決艱鉅的挑戰，通常就能得到更大的投資，創投就是這樣幫助大構想產生更大的影響力，並連帶激發出更大的收益。

可是眼前看起來，準備用這種思維方式來看待社會企業家的捐款者似乎不夠多。捐款者不以表現為基準，而是隨興之所致或追流行，那麼大型組織的資金勢必會枯竭。我和蓋瑞擔心我們的組織正朝著那個方向而去。

另外，這當然不是唯一威脅到我們的期望與計畫的事情。2020 年對我們每一個人來說，堪稱是人生分水嶺，是一個把我們的人生清楚劃分為之前與之後的界線。這一年讓我們清清楚楚看到，沒有什麼事情可以視為理所當然。

我永遠也忘不掉所有的一切都停頓下來的那一刻。2020 年 3 月，Water.org 的辦公室因為新冠肺炎讓大家被迫隔離而關閉了，就跟全球各地的辦公室、餐廳、學校和所有事物一樣。至於我呢，我很幸運，因為當時我一直在愛爾蘭某個海邊村莊拍電影。這個村莊是個美麗又平靜的地方，與蠶食鯨吞當今世界的那場混亂形成對比。我和家人就留在那個村莊，哪裡都不去。

從海邊村莊這個彷彿自絕於新冠肺炎的優越位置眼看著疫情擴散到全世界，感覺很怪誕，部分原因是

水的價值

這幅場景我排練過了，而且是實際排練過。我在十年前拍了一部電影《全境擴散》（*Contagion*），電影名稱已經一針見血點出重點：致命的呼吸道疾病癱瘓全球。所以 2020 年展開的真實驚悚情節，對我而言是熟悉的故事架構；一開始大家反應太慢，後來恐慌蔓延，隔離者眾造成一片死寂，虛假的領導人物兜售假藥方，當然還有「把手洗乾淨」的再三呼籲。

然而，這是現實人生，但看起來卻像反烏托邦小說。我站在屋子裡的水槽旁邊，用唱兩遍生日快樂歌的時間來確保我洗手洗得夠久，然後我想到全球有數億人口無法這樣做，因為他們沒辦法取得用水。約莫就在那個期間，有一位記者計算了一般民眾若按照公共衛生官員的建議，比方說出門在外接觸到物體表面或者是在咳嗽或打噴嚏之後洗手的話，一天洗手的次數是多少，結果加起來一天總共要十次以上。以一家四口為例，如果要洗手這麼多次，一天就會用掉超過 75 公升的水。[1]

為世上最艱鉅的水資源挑戰尋覓解方

由此可清楚看到，對於必須用罐子或水桶裝這麼多水（加上因其他目的額外需要的水）的人來說，對於不得不將每一滴水視為稀有資源的人來說，根本就不可能這麼做。此外，如果民眾家中沒有用水或衛生設施，你要他遵守公共安全指令待在家裡，避免被感染或散播病毒，當然也是不可能做到的，這根本是讓民眾進退兩難。

　　這種情況不只出現在家裡，醫院也一樣！這是令人震驚的事實：低收入國家的醫療設施區域缺少肥皂和流動的水。[2] 換句話說，全球疫情當前，醫療設施的工作人員竟然沒水可以洗手，這令人難以置信。現在全世界的重點擺在增加 PPE（personal protective equipment，個人防護設備）的供應，這一點可以說不無道理，然而用水其實是最基本、最寶貴的 PPE。

　　取用乾淨的水和衛生設施就在一夕之間轉變成攸關生死的議題。但是 Water.org 和合作夥伴完全動彈不得，我們為了提升取得用水所採取的行動基本上已

經因為疫情而停擺。如同我們先前提過的，這項工作必須面對面進行，負責貸款業務的人員會在貧窮社區挨家挨戶拜訪，當面提供訓練和業務辦理。這種事情沒辦法在 Zoom 上面做，也因此有好一陣子我們什麼都做不了。

還有，當世界各地的人們行動都慢到停滯時，金錢的流動也一樣。疫情造成的經濟衝擊像漣漪一般擴散到全世界，而對我們來說，這個衝擊就是捐款來得更慢了。疫情開始後沒多久，Water.org 最大的捐款單位就通知我們，他們沒辦法按照原先排定的提供金援——加起來總共是我們預算的三分之一。

這些年來我們經常談到組織會成長多少、可以再觸及多少人。結果突然之間，我們組織就跟其他很多組織一樣，急忙想辦法要熬過接下來的幾個月。終結水危機的目標在努力多年後覺得更接近了——如今一轉眼卻好像離得更遠了。

當流行風向和突如其來的危機把我們推出預定路線，該怎麼做才能繼續專注於目標？面對一個除非我們全心全意、傾其全力才能解決的問題時，該如何穩紮穩打？

這些問題沒有簡單的答案。不過不管我們前方拋來何種挑戰，都必須不斷地提醒世人，水資源幾乎就是所有難題的關鍵解方，甚至可以達到預防問題發生的效果，想必這就是解答的一部分。

以醫療危機為例，我先前也提過水和衛生設施是阻止新冠肺炎這類病毒擴散不可或缺的元素，這些元素下一次——很遺憾，但科學家說應該會有下一次，就能幫助我們在疫情來襲前做好準備。[3]

為什麼可以提前做好準備，容我向各位描述《全境擴散》的結局來幫助解決。以下有劇透請慎入；既然現在大家都已經經歷過現實版，不知道這樣還算不

　　　　　　　　　　　　　水的價值

算劇透。

電影來到結尾的時候，鏡頭從那些已知的角色身上離開，接著畫面上突然出現一隻蝙蝠。這隻蝙蝠住在森林裡，但是有人正在砍伐樹木，準備開闢農地。因此，這隻蝙蝠躲進一間工業化的養豬場，牠吃過的香蕉掉在地上，後來把那塊香蕉吃進肚裡的豬，在香港某間餐廳被廚師拿去烹煮，這位廚師沒洗手就和我戲裡的妻子葛妮絲・派特洛（Gwyneth Paltrow）握手，新的致命病毒就這樣從蝙蝠傳到豬身上，然後再傳給人類，導致她後來成為零號病患。

我之所以提到這一段，是因為專家一定會認同正是這個場景裡面的三個要素創造了新疾病擴散的條件，首先是自然棲地遭到破壞導致野生動物接近人類，其次是工業化的農業使動物的免疫系統變弱，第三則是全球化使人類之間更容易彼此接觸。

我想在新冠疫情期間的某個時間點，很多人會說：「我們早該明白會發生這種事！」其實下一次疫

情來的時候，我們還是會講這句話。傳染病研究人員西門‧瑞德博士（Dr. Simon Reid）是這樣說的：「假如不把那些會製造問題的條件解決，就這樣坐等下波疫情發生的機率通過的話，那麼它是不會讓我們失望的。」[4]

另外，《全境擴散》編劇史考特‧伯恩斯（Scott Z. Burns）還說對了一件事：洗手絕對是對抗健康危機的第一道防線。史考特當時把電影劇本寄給我的時候，還附上一張紙條寫著「讀一下劇本，然後去洗手。」[5]

水資源和衛生設施的取用若是能普及，疫情就比較沒有機會開始；倘若已經開始了，則可以減緩散播速度。隨著新冠肺炎疫情繼續延燒，這方面的資訊終於開始破繭而出。《華盛頓郵報》（*The Washington Post*）刊出一篇撼動人心的報導，標題是〈沒水可用的情況下很難熬過疫情〉；《紐約時報》則提出「沒有自來水該如何抗疫？」這個問題。[6、7]（答案是：不

Chapter 8

怎麼有效。）我和蓋瑞受邀在《時代》（*TIME*）雜誌
「名人專訪」（100 Talks）系列活動探討這個問題。我
們知道不必說服美國觀眾相信乾淨的用水有助於抵擋
病毒散播這個道理，因為民眾早已明白；我們只要把
這個重點講得切中要害就行。

　　無法取得用水的人們自然也懂得這個道理，甚至
有更深層的體悟。這就是儘管 2020 年，我們在拓展
服務範圍時碰到阻礙，但某些地方申請用水和衛生設
施貸款的需求實際上卻大有成長的原因，而且成長幅
度高到在有我們組織服務的最大國家印度，表現已經
超出我們為該年度所設的影響力目標。此外，我們所
有人團結合作，和親朋好友一起努力維持 Water.org
的運作。多虧了來自各界大大小小的捐款，以及每一
個人的辛勤努力與創新，我們才得以繼續向前邁進，
繼續在現場服務居民。

　　我們對自身的使命變得更加堅定而急切。一場疫
情下來讓大家看得清清楚楚，地球他鄉發生的事情，

為世上最艱鉅的水資源挑戰尋覓解方

說不定會影響到我們家鄉的某個家庭。在病毒不受國界約束的世界，取得乾淨用水和衛生設施不但可以讓那些社區變得更安全，更有能力因應接下來的狀況，其餘所有人也會因此受惠。

多年來我們總是經常提到某些地區的居民必須有安全的用水和衛生設施才能過日子，如今再明顯不過的就是，**我們**的生活同樣也取決於此。

這個道理在考慮到另一個即將占據世人未來十年注意力的危機，也就是「氣候變遷」問題時，甚至會變得更難以忽視。

蓋瑞解釋過水和衛生設施取用的普及性，對日後人類適應氣候變遷至關緊要的原因——弱勢族群會因此更有應變能力。適應氣候變遷當然很要緊，但不可當作唯一的途徑。就此接受地球的生活將變得更令人

提心吊膽和致命，接受野火、颶風和飢荒從此與人類命運不可分割，而我們唯一能做的就是適應，這樣做我們承擔不起。我們也應該竭盡全力阻止氣候變遷，減緩它的步伐才行。

談到這裡，水同樣可以帶來改變。對**人類**健康有害的用水和衛生系統，自然也會危害到**地球**健康，譬如人類的排泄物會釋放甲烷，這是一種溫室氣體，其增溫效果比二氧化碳至少強 28 倍。[8] 換句話說，全球的人類排泄物和汙水每年產生的溫室氣體比全美所有汽車的廢氣多。[9、10] 想想看我們花了多少心思要讓車輛變得更環保，比方說使用超越新燃料標準的電池，各家電動車爭相成為下一個熱門產品等等。但講到人類的排泄物，說實在的這個議題能吸引到的注意力絕對比不上最新款的特斯拉。哪天要是各位在推特上看到「人類排泄物」走紅，那一定是大事不妙了。

然而，儘管這個問題不討喜，我們還是必須下更多功夫去思考它，或至少處理它。全球有 80% 的排

泄物未經處理，[11] 導致汙水進入水的供應鏈，造成人類生病，同時也釋放更多甲烷，害地球生病。

還有一種「浪費」的問題我們應該花更多心思去關注，那就是水在運輸過程中所浪費的能源。窮人是可以取得用水，否則的話就活不下去了，然而他們取得用水的方式十分沒有效率。在許多鄉間社區，居民浪費的能源就是自身勞力，這種浪費對環境的衝擊很微小。但是在比較稠密的地區，沒有效率的供水系統會用到大量骯髒能源，比方說自來水事業單位因為附近的水源汙染太嚴重，因此耗用大量電力抽用很遠的水源。除此之外，事業單位的運水車在載運用水到處跑的時候用了很多柴油，而且路途中也因為流掉大量的水而浪費很多能源。

2019 年，我和蓋瑞去菲律賓，跟著官員一起去參訪那邊的水利事業單位。馬尼拉水務公司（Manila Water）是菲律賓最大的水利公共事業單位，該公司所使用的電力足夠讓 2 萬 1000 個美國家庭用一年。[12、13] 拉

古納水務公司（Laguna Water）則是內湖省和馬尼拉水務聯合出資的一家公司，他們的辦事員告訴我們，十年前他們因為管線漏水流失了 48% 的水供應量。換句話說，在一個有數百萬人民缺少乾淨用水的國家，拉古納水務公司竟然有一半的水供應量——以及抽水所使用的一半能源，都被浪費掉了。

這家水務公司後來大力改革，浪費的水量已降至 21%，雖然還是不少，但已經大有改善。他們持續投資基礎設施，把供水管換掉，修理漏水之處，並改良配置系統。不過，這種成功的故事畢竟太稀有了，開發中國家的水利事業單位平均因漏水流失 35% 的水量。這種浪費是造成世上一些最貧窮的社區用水十分昂貴的原因之一。[14] 漏水的供水系統如果不加以修補，問題就會隨著世界繼續邁向都市化而更加惡化。因為都市為了達到服務更多人民的目的，必須抽取更多的水，進而耗用更多能源。尋找新的水源也非常耗損能源。

不過，還有一條路可以走，我們只要踏上這條路就行了。拉古納水務公司的經驗已經指出這條路徑：修好基礎設施，減少水的浪費，減少能源的浪費。另外就是設計更有效率的供水和衛生系統，能夠以較少能源來運作，並減少汙水的汙染，雙管齊下。

　　我知道講到改善汙水處理方式，很難激起蓋瑞・懷特以外的人的熱情，不過比爾・蓋茲是個例外，他帶著「糞便罐」去大型演講做展示的事蹟聞名遐爾。[15]（非比爾・蓋茲本人這麼做的話，現場的觀眾一定很快就逃之夭夭。）不過，他們會對這個課題抱有興奮的心情也是有充分理由的。先前我曾提過，處理好汙水可以避免溫室氣體進入大氣層，說起來更不可思議的是，這種廢棄物會產生我們輸送用水及處理衛生設施所需要的那種動力，因此本身就能作為一種能源的來源。如果將全球人類的排泄物轉換成燃料，可以產生等同於價值 95 億美元的天然氣。[16]

誠如聯合國教科文組織（UNESCO）祕書長奧黛莉‧阿祖萊（Audrey Azoulay）所言：「水資源不一定是問題本身，它也可以是解決方案的一個環節。」[17] 牽涉到氣候變遷、健康醫療危機、不平等之類的議題，水資源絕對可以作為解決之道的一部分。約翰‧羅克斯特倫（Johan Rock¬ström）在斯德哥爾摩大學主持「復原力中心」（Resilience Centre），他指出：「水是生物圈的血脈，是攸關人類未來的要素。」[18] 這就是我先前提過古希臘哲學家泰利斯名言「水是一切的源頭」的科學家說法。

倘若我們繼續將這個訊息散播出去，讓世界各地的人們都支持這個信念，我們就可以改變對水資源的思維方式，不必把水資源當作一個來了又去的慈善事業，也不必把它當作次級議題，而是視其為解決方案，又或者是一個超出我們想像的、更多元的機會。

50 年前，約翰‧戴維森‧洛克菲勒三世（John D. Rockefeller III）創造了一個新名詞「公益創投」（venture philanthropy），相信這個名稱可以將施捨之舉勾勒出不一樣的面貌。他說他盼望開啟一個新的「大膽途徑來替冷門的社會事業籌募資金。」[19]

　　一如洛克菲勒的定義，公益創投不追隨捐款者的一時興起或時下流行，其投資配置比較像創業投資，著重將資金分配給最大有可為的構想，也就是需要資金才能實現前景的構想。由於進展取決於承擔風險，所以這是有附帶條件的。構想成功的時候，其資金就會增加，以利該構想拓展規模到「改變世界」這個口號不是噱頭，而是實至名歸的程度。

　　公益創投在洛克菲勒生前從未真正起飛過，不過公益創投的時代現在已然來到。當前的財富集中度可謂前所未有地高，這已經不是祕密。然而，即使各位

十分幸運在經濟上很充裕，就像我一樣，但這也不是值得慶賀的事情，因為誰都不該滿足於一個如此不公不義、如此不平等的體系。世上最富有人士的身家，能抵全世界 60% 人口的財富總和。意思是說，全球最富有的 2153 人所持有的資產，超過 **46 億**人口加起來的財產。[20]

但有一處亮點，這 2153 位富豪當中，已經有愈來愈多人公開承諾要捐出財產用於慈善事業，這就是「捐贈宣言」（The Giving Pledge）背後的宗旨。捐贈宣言是由比爾・蓋茲、梅琳達・蓋茲（Melinda French Gates）和華倫・巴菲特（Warren Buffett）等人發起的運動，該運動激勵了數百位富豪宣示捐出至少一半財富行善。

這些人士大多都是在商場上賺到數十億身家，這也表示其中有不少人熟悉創業投資之道，具有創業家的思維。因此，當慈善界成長得愈來愈大，這類團體就會開始像創投那樣運作，找出有潛力顛覆規則的構

想，並給予所需資金讓這些構想去證明其理念並拓展規模。

現在有一些初步跡象指出這種現象已經開始發生。尼亞加拉瓶裝水公司（Niagara Bottling）創辦人安迪・培考夫（Andy Peykoff）先前就提供了數百萬美元資金押注 WaterCredit 和 WaterEquity，即便當時這些構想尚未取得實證，但是他已經看到潛力，所以願意在我們身上冒險。時至今日，他依然看好我們，最近又另外再捐贈 500 萬美元給我們，讓我們能夠招聘團隊籌措 WaterEquity 的下一筆資金。

也許，只是也許，這種「大賭注」會開始變得愈來愈多。 2018 年，蓋瑞受邀在捐贈宣言的年度聚會做簡報。該團體每年都會聚會向成員宣導迫在眉睫的全球議題，強調幾個最具前景的投資領域，幫助捐款者判斷他們的錢該怎麼用才能發揮最大影響力。水資源議題從來就不在他們的討論範圍內，直到這一年。

蓋瑞從後續的提問和分組討論看到大家對我們

水的價值

的操作模式十分感興趣，有些討論也一直沒斷過，然而到目前為止，無論討論了多少也只產出了一筆捐款而已。這反映出一個更大的問題，那就是即便富豪已經捐出財富，但現在這筆莫大的資金（我雖然用「莫大」這個字眼，卻也很難形容這筆鉅款有多龐大）卻有閒置之虞。眼下，所有被捐出來的資產都被放入基金會之中，95% 這個驚人比例的錢就存在免稅帳戶裡，這表示捐贈者沒能服務任何社會公益事業，卻可獲得優惠的減稅條件。

我可以理解要想清楚你和你的錢在哪個領域可以產生最大影響力，要挑哪些議題才能引起你的注意力，這是非常複雜的過程，也十分憑感覺；這些事確實不容易。當初要不是波諾一直催促我，我知道我一定會花更多時間整理思緒。

不過我和蓋瑞衷心盼望這些富豪的行事可以再大膽一點、動作再快一點，就像最近開始有所行動的麥肯琪‧史考特（MacKenzie Scott）和傑克‧多西

（Jack Dorsey）那樣，他們深知每拖一天對數百萬、數千萬人來說，就等於多了一天被疾病和剝削折磨的機會。

然而話又說回來，這些出手闊綽的新捐款者畢竟不是唯一有能力採取「創業途徑」來改善世界的人。其實每一個人都有能力這樣做，即便各位只有一小筆錢可以投資，依然可以發揮作用，讓那些有改造世界潛力的構想有機會去證明自己的價值。捐款無論大小都是對社會企業的信心投票，可激發社會企業的能力去創新、創造改變和取得績效。

近幾年有幾次我們確實因為當下的艱鉅挑戰而感到頹喪，但如果將畫面拉開來看，從日常碰到的障礙和讀了就令人沮喪的新聞標題跳脫出來，其實我們可以看到動能持續在發展。

2018 年我們在動筆寫這本書時，我寫下：「Water.org 已經觸及 2200 萬人。」寫作的過程中，觸及人數來到 2500 萬人，後來是 3000 萬人。就在本書英

文版送印之前，我們再次將觸及人數更新為 4000 萬人。現在各位正在讀這本書的時候，4000 萬這個數字也已經是過去式了。

如果我用我們一路走來的視角去看，從我在撒哈拉沙漠做的首批計畫，成功為一個社區取得乾淨用水的情景開始回想的話，那麼我們觸及的人數真的太驚人了。可是當我從不同的角度來思考，也就是著眼於我們還有多遠要走，而非已經走了多遠，這個數字看起來也就沒那麼難以置信了，反倒覺得只是開始。別忘了，在這個世界上還有 7 億 8500 萬人無法取得安全的用水，20 億人缺乏適當的衛生設施。

因此，對我們來說最令人雀躍的並非我們觸及到的人數，而是唯有改變才能看到如此進展的體系如今真的有所轉變了。由於全球的領導人物承諾要終結水危機，所以我們的觸及人數才有可能出現這樣的增長。當然也因為世界各地的人們將錢投資在價值觀所著重的地方，投資人開始尋求以金錢以外的標準來衡

量的收益。還有最重要的是，因為數千萬機智勇敢的人們申請微型貸款，又還清所有貸款，進而主掌了自己的未來。

我們打從一開始就知道解決這個危機必須全世界動起來。現在當我看著水資源議題的整個發展軌跡，以及我們看到這過去 30 年來的驚人進展，我可以告訴各位，全球動員是有可能的。事實上，說不定已經發生了。

9

Chapter

浪潮

我們寫這本書的時候，努力避開使用所有跟水有關的譬喻。

老實說，這真是不容易。「試試水溫」、「水裡來火裡去」……還有 100 萬個從水衍生而來的譬喻，或者是氾濫成災的老掉牙水的譬喻，各位願意這樣講也可以。

不過既然我們現在已經進入尾聲了，那麼我想在結束前特許自己用一個跟水有關的譬喻，真的只用一個。

若要終結缺水危機，我們需要浪潮。

浪潮耐人尋味的地方在於，它有自己的力量。

當你站在海灘上，看著浪潮從逐漸成形、向前推

Chapter 9

動，最後拍打上來嘩啦碎成一片時，你並不知道那是水分子在海上橫渡很長的距離，用某種看不見的方式彼此合作，然後在準備升起的那一刻抬舉起來，進而使浪潮產生了能量，也就是推動力。

飲水十年期間，諸如政府領導人、發展經濟專家和多邊組織等等有權勢的人，他們竭盡所能從上而下努力推動改變。然而他們沒能好好利用資源，也沒能善用其援助對象的幹勁與能力，所以那一波的發展並未能使浪潮成形。

如今我們眼前的情景截然不同。我們看到的是一旦你獲取了經濟金字塔從下到上那數千萬人的能力與機智，以及從頂端而下的財力之後，這個世界出現了變化——出現了不可思議的變化。窮人看到的則是他們有機會改變，因為改變的事實正在各地顯現，所以他們準備好要加入改變的行列。

這波浪潮已經觸及他們，現在正是他們即將升起的時刻。

多虧了 WaterCredit，對於因此取得所需用水和衛生設施的 4000 萬人來說，改變已經實現了。然而，在這個世界上依然有數十億人口需要被觸及。

那麼我們該如何觸及這些人呢？

把這些有待觸及的數十億人依接觸難度從低到高大致分成三類，應該會很有幫助，我們自己就是這麼這麼做的。

各位現在對第一類應該已經非常熟悉，他們就是本書的焦點，即有意願和能力解決水資源和衛生設施問題的民眾，只要有人願意提供他們一小筆貸款作為起步。前文也解釋過，這一類民眾本身就可以作為解決方案的其中一環，但需要花一些時間來證明。不過從過去十年的經驗來看，我們和這個類別的民眾已經證明他們確實可以。我們預測此類別約有 5 億人，等我們有了足夠資源，便能迅速接觸到他們。

當然這個部分還有很多要努力的地方，5億人畢竟是非常龐大的數字！儘管如此，這個做法實際上正在發威，它正逐漸發展這樣的推動力，讓我們得以把眼光放大。目前我們已經開始聚焦在無法取得用水和衛生設施的下一類族群，這些民眾無法單單靠貸款來解決問題。

這是因為這個類別的民眾所居住的地方缺少「基礎設施」。很多都市裡的某些區域，特別是都會區的邊緣地帶，並未在馬路底下鋪設輸水管線，也沒有排汙系統，沒有任何可以接通的基礎設施。

這一類民眾眼下根本不在自來水公共事業的觸及範圍內。

那麼為何公共事業單位不把服務延伸到這些區域呢？這些區域明明有用水的需求，這裡明明有居民，而且在微型貸款的裨益之下，這裡明明有可以付費的客戶。

可是大多數的公共事業現在仍未將窮人視為客

戶。前文曾提到，將窮人視為客戶是一種新思維，而這樣的新思維尚未在各個角落扎根。很多公共事業的立場是，只要多一個窮人客戶，就會讓他們損失更多錢。

因此，公共事業單位懶得提供服務以及去負擔這樣的成本。再加上政府往往會施壓他們降低收費，讓選民（即投票人）能夠相當於免費取得用水，雖然聽起來好像不錯，但事實上水費降得太低時，公共事業單位的利潤就不足以維持自來水供應、保持水的潔淨，或修理漏水的管線。誠如麥特所言，這些沒效率的供水系統浪費能源和水資源，而且還製造溫室氣體，也會讓數億人口沒有水和衛生設施可用。

這便是接下來會碰到的障礙，是我們下一座要攀登的山巔，而且山勢愈來愈陡峭。自 2000 年起，平均每天有 1 萬 6500 人為了找工作而遷居都市貧民窟，算下來等於每年有 600 萬人。[1] 無庸置疑，這些人需要水，需要衛生設施，需要有效運作的公共事業，以及能延伸到人口逐漸增長的居住地的供水系統。

水的價值

幸好聯合國、世界銀行和其他組織有許多聰明人士都在處理這個問題。他們和公共事業單位合作，協助提高他們的效率與經費。現在就我們在菲律賓看到的，很多地方的情況已經有所改善，而柬埔寨、祕魯和其他國家，也正在想方設法拓展水資源和衛生設施系統。

Water.org 也增強了援助。以我們和印尼公共事業的合作為例，我們讓這些單位瞭解到，如果他們能將服務拓展到特定區域，該區域的客戶有能力付水費，而且會接自來水。這一點我們敢打包票，所以願意為這些單位做貸款擔保，讓他們有機會取得資金將基礎設施拓展到最需要的區域；這種做法效果卓著。

Water.org 幫助公共事業改善了營運，又找到新的付費客戶之後，接下來 WaterEquity 就能針對他們亟需的基礎設施改善作業提供資金，譬如鋪設新管線、修補漏水處、建置汙水處理廠。資助這些改善作業可以幫助數百萬人取得用水和衛生設施，阻止大量

甲烷和二氧化碳釋放到大氣中，並向全世界展示，水資源和衛生也是聰明的投資標的。我們的想法是，WaterEquity 可以作為將自來水公共事業列為新投資標的的先鋒，將這個場域標示出來，讓全球資本市場知道，公共事業搭配已知客戶基底是高明的賭注。一旦我們採取行動，其他投資人也會隨之跟進。

我們的目標是確保地球上每個想要投資水資源和衛生領域的人，都有機會以合理價格達成目的。

至此，我們最後要接觸的類別，就是沒辦法付費取得所需用水和衛生設施解決方案的人。在某些鄉下社區，居民實在太貧窮，以致於貸款無用武之地。雪上加霜的是，這些區域過於偏僻，離自來水公共事業的服務網絡很遠，事業單位慢吞吞的拓展速度難以盡快接觸到他們。讓偏遠地區的家戶接通自來水，是成本極為昂貴的生意，而極高的成本再加上極端貧窮，可謂悲慘組合。如果要幫助這個類別的居民取得用水和衛生設施，就必須加重補助興建社區的水井和供水

設施，因此在富裕國家以及接觸到窮鄉僻壤社區的非政府組織的支持下，這些低收入國家的政府將會是供水設施計畫的主要推動者，也是全球水危機的最後一道防線。

　　基於前文解釋過的各種理由，以慈善目的所執行的供水工程若作為首要解決方案並不會有多少效益，更遑論當作唯一解方。然而，一旦我們以市場機制的解決之道觸及另外兩個類別之後，那麼第三個類別的民眾規模最後勢必會減少到我們只要集結資源就能解決剩下的問題。最終，我們一定能夠永遠終結水危機。

十多年前，我父親傑瑞‧懷特（Jerry White）在臨終前告訴我一件令我難以置信的事情。

　　當時我們正駕著車經過堪薩斯市。我父親和很多他那個世代的男人一樣，不太談自己的事情。我們很

怕父親就快要離開人世，於是租了一輛能容納全家人的大廂型車，載著全家人去父親以前長大成人的街區繞一繞，然後要他沿途講解，告訴我們他不為我們所知的人生故事。

車子開到父親住過的舊街坊時，他指著一間房子說那是他們家以前的租屋處。他告訴我們他住那裡的時候，上廁所要去房子後院的小屋。不僅如此：後來都市的汙水管線終於拉到他們家的街道，這表示終於有機會可以使用室內廁所，結果租金上漲了，他們負擔不起，最後就被房東掃地出門。

父親描繪的情景我簡直沒辦法相信。我是一個多年來致力於幫助世界各地的人們取得衛生設施的人，竟然完全不知道父親在成長過程中，他的家裡連馬桶都沒有。

做這種事業有時候會讓覺得進展很慢，但是當我聽到父親描述的這類故事時，又感覺到進展其實**很快**。因為僅僅經過一個世代的時間，水資源和衛生設

水的價值

施就從無法取得或難以負擔的東西，轉變成一般人皆視之為理所當然。

類似的故事其實很多地方都見得到，只要花一點時間去尋覓就能找到。就在 20 世紀初，曼哈頓有很多居民沒有乾淨的水可用，某些街區已經鋪設了供水和衛生系統，但很多人無法使用。舉例來說，下東城的居民住在輸水管路上方 70 年，但是他們公寓裡並沒有水龍頭或馬桶。[2]

不過後來在 1901 年，立法通過讓絕大多數的窮紐約客都能接通供水管線。當然，以現今的視角來看，紐約公寓沒有自來水這個概念根本難以想像。

由此可見，進展是有的，而現在我們有力量可以讓進展加快，拓及到眾多往往被遺忘的國家。這些國家的人民正寫下自己的成功篇章，他們投資自己的解決方案，掌握自己的命運與未來。如果我們繼續推進的話，那麼很快地會有那麼一天，水資源和衛生設施並非處處都有的世界將只存在於我們的記憶中。

不過，為了落實這個行動，我們需要你，也就是正在讀這本書的各位。此刻就這樣直接稱呼「你」，各位或許會覺得有點奇怪，彷彿各位本來在觀賞音樂劇，唱到最後一首歌的時候，突然間舞臺上的角色開始和觀眾互動那樣。

然而，這種行動不能只靠受水危機影響的人來出力；世界上有三分之二的人口可以取得衛生設施，九個人當中有八個可以取得乾淨的用水，這些人即使不受危機的影響，也應該加入出力的行列。如果海洋絕大多數的水分子都不動起來，就無法支撐浪潮了。

坦白說，想辦法呼籲世人付諸行動從來都不容易。我曾經出於好奇上 YouTube 去找我和蓋瑞做過

的一個水資源議題座談討論會的影片，那支影片的觀看次數有 100 次。我對社群媒體所知非常有限，這一點我的孩子們可以作證，但即便是對社群媒體涉獵不多的我來看，也知道 100 次的觀賞次數似乎……很少。然後我又找了我和莎拉・席佛曼（Sarah Silverman）拍過的一支影片，當時莎拉正和我的剋星吉米・基墨（Jimmy Kimmel）交往，她在影片中唱了一首歌，歌詞描述我和她在吉米背後亂搞，我查了一下那支影片的觀看次數，發現竟然有 2000 萬次。好吧，這樣比實在不公平，但是討論水資源議題的座談會絕對不可能在網路上瘋傳。

不過這就是我要表達的重點。如果我們想從各種聲浪中殺出重圍，如果我們希望人們真的聽到我們對這個議題所要傳達的訊息，就必須用更有創意的方法。

這些年來我們試過了很多創意做法，比方說蓋瑞先前所提過的，時代啤酒向來是我們傑出的合作夥

伴，他們的行銷與品牌人員和我們的團隊攜手合作，幫我們踏出嚴肅的非營利舒適圈。我們也做過社會實驗，一邊告知餐廳和飯店的顧客現在沒有自來水，如果要喝水或淋浴的話必須等待數小時，另一頭用隱藏式攝影機拍下他們的反應。（自然是愁眉苦臉。）接著等他們體認到無水可用有多麼不方便的時候，我們就播放影片給顧客看，讓他們知道等水來是數百萬人的日常狀況，而且不只是等待而已，還必須扛著很重的水桶長距離往返。我們的用意並非說他們身在福中不知福，而是希望他們打從心底感受到世界各地的人所面對的問題。我們認為無水可用這個可能性如果成為顧客眼前的現實，他們就比較能體會別人的遭遇。結果很多人因此深受觸動，我們在進行這個實驗計畫時看到不少人掉下眼淚。

除了眼淚之外，我們也想逗大家笑。Water.org 剛成立的時候，我知道因為自己名氣的關係，人們大概會特別關注我的加入，雖然真正推動組織的是蓋瑞

和他的構想，所以我覺得為了慈善目的出出糗是我起碼可以做的事情。然後，我也真的這麼做了，而且還做過很多次，大家都說我很有說服力。譬如艾倫‧狄珍妮（Ellen DeGeneres）就表示，如果我穿相撲服坐高爾夫球車去做障礙訓練的話，她就捐款給 Water.org；這個任務我也完成了。還有一次，我裝扮成聖誕老公公，戴上假鬍子、假肚子和所有配件，然後努力說服孩子們相信他們真正想要的聖誕禮物其實是印有 Water.org 的駝峰牌（CamelBak）水壺，而不是新玩具，還把整個過程拍下來；結果沒成功。

另外，我經常公開談馬桶，頻率高到我的經紀人大概要皺眉頭了。Water.org 團隊曾經舉行一場假記者會，我在記者會上宣布所有馬桶罷工，除非水資源和衛生設施危機解除，否則我絕對不去上廁所。我很遺憾地向各位報告，我自己中斷了這場罷工。但是沒多久就有一些熟人宣布他們的馬桶也罷工，包括潔西卡‧貝兒（Jessica Biel）、傑森‧貝特曼（Jason

Bateman）、奧莉薇亞・魏爾德（Olivia Wilde）、理查・布蘭森（Richard Branson）、波諾。各位一定想像得到，有多少人會拿我說服別人在乎這件事來開玩笑。有一位支持廁所罷工的 YouTube 直播主就說：「這是至關緊要的議題，我很高興看到有人用最笨的方法來支持這個議題。」

各位應該不會在《哈佛商業評論》（*Harvard Business Review*）讀到這種案例探討，不過有時候最笨的方法就是最好的方法。對我們來說，這樣做絕對可以得到更多關注和更多捐款。馬桶罷工的影片獲得了 1500 萬次的觀看次數，雖然還不到莎拉・席佛曼唱歌那支影片的等級，但至少已經比 100 次多太多了。

有一位多年來致力於耕耘此議題的衛生專家，在做簡報時通常會播放一張經過 Photoshop 後製的照片，照片裡是安潔莉娜・裘莉（Angelina Jolie）在馬桶前搔首弄姿的模樣，他希望用充滿魅力的方式來

呼籲大眾重視衛生設施這個重要議題。馬桶相繼罷工的事件發生之後，這位專家就把安潔莉娜的假照片換掉，改用我把馬桶坐墊套在脖子上、未加工過的真照片。[3] 這件事對我而言是一個象徵，代表我們做對了。現在我可以昭告天下，我本人才是全球馬桶議題的門面，而不是安潔莉娜·裘莉。

不過，無論我們花多少心思推展這波行動，最後都會碰到一樣的瓶頸，那就是頂多只得到大眾幾分鐘的注意力。這一點時間足夠我們解釋水危機確實存在，卻不夠我們表達（更遑論去解釋）我們其實可以終結這個問題。因此，我們想出別出心裁的做法來述說這一路的心路歷程，也就是各位現在閱讀的這本書。

　　坦白說，我和蓋瑞之所以合寫這本書，是因為我們需要更多時間來述說我們的故事，也希望帶領各位

認識我們見過的那些在艱難處境中掙扎，後來成功戰勝困境的人。我們希望你看到浪潮正在積累發展，以及怎麼做你才能加入這波浪潮。

那麼，你該如何加入這波浪潮呢？

這本書討論了不少關於錢的問題，畢竟追根究柢，水資源和衛生設施屬於資金問題，而不是技術性問題。所以對很多人來說最直接的做法就是能捐錢就捐錢。

因此，假如我和蓋瑞已經成功說服各位相信（但願如此）我們的途徑是終結水危機最聰明的可行之道，又假如你有多餘的錢可以捐贈的話，那麼希望你付諸行動。捐款有助於 Water.org 將服務觸及數千萬人，並且建立可以一再成長拓展的水資源和衛生設施市場。

除了捐錢之外，還有一種方法可以做出貢獻，你可以把水危機以及我們如何解決這個問題的故事講給別人聽，或者寫一寫、聊聊這個故事，把故事張貼到

網路上。有些人會覺得在網路上發聲是「懶咖行動主義」，不屑一顧。但是把這個故事說出去，將水危機的意識注入到人們生活中所做的各種決定裡，其實可以產生重大影響，當人們看到別人起而行動的時候，也會深受觸動而跟著行動。

以我們用浪潮所做的比喻來說，人類其實不會單單因為物理定律就奮起行動。我們必須做出決定，而這個決定（本身就是一個行動）可以造就改變。但於此同時我們也知道，任何一個個體的行動並不能解決水危機；相信我，蓋瑞試過了！

不過，當我們在談論自己所做的努力時，會激發別人加入我們的行動，而這些人又激發別人加入他們的行動，如此延伸下去，久而久之我們就創造了比想像中更廣泛又強大的運動。當我們把心力和幹勁貢獻給大於小我的目標，當我們看到抬升的浪潮起而跟進，才會體認到我們真正擁有的力量。

人人都有乾淨的水和衛生設施可用的世界，是一個截然不同的世界，不同到有點令人難以想像。

不過有一些資料指出我們應該可以期待，而且這是從經驗來分析，並非紙上談兵的理論。我們知道當人們得以取得乾淨的用水，就會有更多女性有機會靠自己的勞力賺錢養活自己。我們知道當女性有了自主能力之後，大多不會太早生育或生育太多孩子，如此便可把家庭照顧得更好。另外就是當家庭有多個收入來源時，自然比較容易擺脫貧窮的生活。

除此之外，經水傳染的疾病會減少，如此一來父母失去兒女而傷心欲絕的情況也會變少。兒童會長得更高，影響一生的健康問題變少，身心得以全面發展，因此兒童出現發展遲緩的情況會更稀少。順利畢業的學生應該也會增加，因為全心為家裡取水而中途輟學的女孩變少、因為經水傳播的疾病導致失學的男

孩女孩也會變少的關係。等到這些兒童長大成人，在良好健康和教育的雙重裨益之下，我們將會看到他們有能力對家庭、社區和世界做出貢獻。

基於上述理由，人人有乾淨的水和衛生設施可用是大事一件。

當然還有一些很難量化但又極其重要的改變，像是有隱密的地方可以上廁所的安全感和簡簡單單的舒適感；像是在大太陽底下工作後可以喝一杯涼水時心頭湧上的慰藉；像是你知道生活在這世上最需要的東西不會害自己長期臥病在床、失明或死亡時，內在的那股安心感。又或者是，當你的時間可以用來探索不同的路、追逐其他目標時，那種一切都充滿了可能性的感覺。

數十億形形色色的人會產生數十億各有不同的人生變化。當然，沒有驚奇的統計數據可以把這種改變完整呈現出來，但是我們有故事可以傳達。這類的故事我就知道很多。

我想到我們在印度海德拉巴認識的一戶人家，他們剛裝好水龍頭，而且把水龍頭當作聖壇一樣供奉。我說的就是字面上的意思，他們在水龍頭周圍點了蠟燭和薰香，還套上一個花環；那就是水龍頭對他們的意義。

　　我想到我們一位同事在印度邦加羅爾郊外的村莊認識一名婦女。這名婦女已經上了年紀，臉上爬滿皺紋，但身軀依然站得直挺挺的，看起來十分高貴。她說她和社區婦女以前可以好幾天不吃不喝，就是為了避免不得不去空曠處上廁所的尷尬和危險。但是同事告訴我們，從這位婦女的聲音可以聽得出來，她非常自豪能夠申請貸款安裝馬桶，終於擺脫了原本在她生活中揮之不去的恐懼。

　　另外我還想到了我們在海地一個工程計畫而認識的當地女孩。她和很多女孩一樣，總是負責為家人取水，走大老遠的路往返水井。我問她的年紀，她告訴我她 13 歲──跟我大女兒當時一樣大。

　　現在她每天下午不必再走很遠的路去取水了，我問她打算怎麼利用這些多出來的時間。「多做一點功課嗎？」我問道。

　　她露出有時候小孩覺得大人竟會如此狀況外的驚訝表情望著我說：「不是！我在班上的成績名列前茅。」顯然她說的是實話。

　　然後她告訴我要怎麼利用時間，也就是裝了水龍頭之後她又重新擁有的時間。

　　「我要去玩哪！」

　　我再次想到「水就是生命」這句古老的格言。有些人把這句話詮釋為人需要水才能夠活下去，這當然千真萬確，不過對世界上的許多人來說，乾淨的水源不但可以確保他們生存無虞，同時也帶給他們自由和喜悅。

　　水，賦予人類一個最終能好好生活的機會。

謝誌

　　寫書實在不容易。在全球疫情蔓延之下寫書，更不用說在這個正歷經「社交微調」（social reckoning）和經濟動盪的時期寫書，真的比我想像中的更辛苦！我的妻子貝姬從我踏入職涯之初就與我並肩同行，沒有她的愛與支持，我不可能完成寫書這個任務。同時我也想謝謝我神奇的孩子們亨利和安娜，謝謝他們在我離家去世界各地推動 Water.org 和 WaterEquity 的工作時，能夠支持和體諒我。

　　我的父母凱西與傑瑞·懷特，向我完整示範了實踐服務生活的意義，尤其是我的母親，她灌輸我使命感和熱情，促使我走到今日。我的手足、手足的另一半以及貝姬的雙親從我們 1990 年剛開始耕耘的時候，就是這份工作一等一的好手。

　　在此我想代表麥特一起向企業管理顧問公司 West

Wing Writers 的傑夫・謝索（Jeff Shesol）和艾莉・沙克（Ellie Schaack）獻上我們十二萬分的謝意，在寫作過程中他們給了我們必要的指引和專業的文字雕琢。

另外我們也要感謝事前讀過草稿的人士，幫助我們確保文字與價值觀的一致性，包括非營利慈善基金會 Conrad N. Hilton Foundation 的 Safe Water Initiative 資深幹事暨作家瑪格達琳・馬修斯（Magdalene Matthews）；身兼作者、學者和女權社運人士的雅爾・西利曼（Jael Silliman）；企業管理顧問公司 Songhai Advisory 合夥人暨共同創辦人奇西・艾傑曼托格伯（Kissy Agyeman-Togobo）。

我們也萬分感謝 ICM 非凡的經紀人拉菲・薩加林（Rafe Sagalyn）和珍妮佛・喬爾（Jennifer Joel）以及 WME 的梅爾・伯格（Mel Berger）；企鵝藍燈書屋（Penguin Random House）的編輯妮基・帕帕多普洛斯（Niki Papadopoulos）、崔希・達利（Trish Daly）和梅根・麥克寇馬克（Megan Mccormack）；還

有我們的律師尼爾‧塔巴奇尼克（Neal Tabachnick），謝謝他盡心盡力確保這本書能成功送到讀者手上。另外也要感謝吉娜‧扎諾利（Gina Zanolli）和蘿絲瑪麗‧古德利（Rosemary Gudelj）相信這個計畫，持續向前邁進，集結支援小組來實現此計畫，包括寇可維‧羅森（Kokovi Lawson）、海瑟‧阿爾尼（Heather Arney）、珍妮佛‧希歐許（Jennifer Schorsch）、維迪卡‧邦達卡爾（Vedika Bhandarkar）、里奇‧索斯登（Rich Thorsten）、卡崔娜‧格林（Katrina Green）、澤拉‧夏比爾（Zehra Shabbir）、莉娜‧波諾瓦（Lina Bonova）、梅蘭妮‧曼德瑞斯（Melanie Mendrys）、安迪‧沙瑞揚（Andy Sareyan）和保羅‧歐康諾（Paul O'Connell）。

感謝這一路走來有這麼多人士為我們撥出時間、貢獻他們的才華。我和馬拉‧史密斯‧尼爾森合作無間，在舉辦過數次一次性的募款晚宴之後，我們打造了真正的組織，並壯大成為今日的 Water.org。謝謝

草創時期就加入的志工人員，包括戴夫·薩爾（Dave Sarr）、布萊德·雷斯勒（Brad Lessler）、茱利·丹尼爾斯（Julie Daniels）和崔西·傑克森（Tracy Jackson）。Water.org 剛遷到堪薩斯市時，多虧珍和蘇珊·克雷登伯格（Jan and Susan Creidenberg）確保我們組織有辦公空間可用。蕾妮雅·安德森（Rania Anderson）和珍妮佛·史考許（Jennifer Schorsch）、雀維妮·雷維斯（Chevenee Reavis）、阿莉克斯·雷貝克（Alix Lebec）以及我攜手組成團隊，將我們各自的才能整合（再整合）成強大的力量。

如果沒有現任與前任工作人員、理事會成員、志工、承包商以及遍及非洲、東南亞和拉丁美洲等地計畫合作夥伴的奉獻和辛勤工作，Water.org 和 WaterEquity 就不可能造就無遠弗屆的影響力。但願我們能把你們每一位的名字都列出來，無論過去或現在，你們都是不可或缺的一分子。

感謝印度夏克提部（Ministry of Jal Shakti）飲水和

衛生處（Department of Drinking Water and Sanitation）
的善心人士。謝謝波諾和比爾·柯林頓激勵我們繼續
努力，朝著創造更大的影響力邁進。

感謝以下執行夥伴，幸得你們的協助，才能將一
個尚未獲得實證的構想轉化為真正可以改變數百萬人
生活的方案。

BASIX（印度）

CreditAccess Grameen（印度）

Equity Bank（肯亞）

ASA Philippines（菲律賓）

MiBanco Peru（祕魯）

BURO Bangladesh（孟加拉）

AMK Cambodia（柬埔寨）

DHAN India（印度）

PERPAMSI Indonesia（印尼）

IDF India（印度）

感謝以下策略夥伴資助我們的工作：

PepsiCo 基金會

Caterpillar 基金會

IKEA 基金會

Inditex 集團

英博／時代啤酒

美國銀行

康拉德・希爾頓基金會（Conrad N. Hilton Foundation）

斯柯爾基金會

萬事達卡基金會（MasterCard Foundation）

卡地亞慈善基金會（Cartier Philanthropy）

尼亞加拉瓶裝水

#startsmall 基金會

利潔時

Tarbaca Indigo 基金會

最後，謝謝把辛苦賺來的錢捐給 Water.org 的每位人士，無論是 5 美元或 500 萬美元，我們都由衷感謝。但願這本書已經證明，各位所投資的是一個對世人來說更理想、更平等、更公義的地球。我們感激萬分。

——蓋瑞·懷特

蓋瑞所言極是。

我也經常這麼說，頻率高到應該要刺在身上才對，不過特別是在這裡，我是打從心底認真說的。

做這份志業最鼓舞人心的部分，就是看到形形色色、來自不同背景的人們，共同想像這個世界如何能夠變得更美好，然後將各自特有的才華以及幹勁和資源用來實現這個願景。我已經親眼見到各位的努力正在改變人類的生活，謝謝你們。

我也要特別感謝我的妻子露西和女兒給我的愛與諒解，謝謝妳們與我共度此生。另外還要感謝我的哥哥凱爾和嫂嫂羅莉（Lori），謝謝他們無止盡的支援和鼓舞。

對於母親南西・卡爾森・佩吉把我送上社運這條路，我無限感激，正是因為有她作為榜樣，讓我見識到我在這個地球上其實可以付出更多。我也要謝謝父親肯特・戴蒙——真希望他還健在，除了想聽到他對這本書的感想之外，還有其他 100 萬個理由。

——麥特・戴蒙

注釋

Chapter 1 究竟什麼是「水資源議題」?

1. "Why a 'Water for Life' Decade?" United Nations Department of Economic and Social Affairs, 2005, https://www.un.org/waterforlifedecade/background.shtml.

2. Vickey Hallett, "Millions of Women Take a Long Walk with a 40 Pound Water Can," *Goats and Soda* (blog), NPR, July 7, 2016, https://www.npr.org/sections/goatsandsoda/2016/07/07/484793736/millions-of-women-take-a-long-walk-with-a-40-pound-water-can.

3. Mallika Kapur, "Some Indian Men Are Marrying Multiple Wives to Help Beat Drought," CNN, July 16, 2015, https://www.cnn.com/2015/07/16/asia/india-water-wives/index.html.

4. Patrick J. McDonnell, "Guatemala's Civil War Devastated the Country's Indigenous Maya Communities," *Los Angeles Times*, September 3, 2018, https://www.latimes.com/world/mexico-americas/la-fg-guatemala-war-aftermath-20180903-story.html.

5. Daniel B. Wroblewski, "One Year of Sanctuary in Cambridge, Mass.," *The Harvard Crimson*, April 11, 1986, https://www.thecrimson.com/article/1986/4/11/one-year-of-sanctuary-in cambridge.

水的價值

6. Li Liu, Hope L. Johnson, Simon Cousens, Jamie Perin, Susana Scott, Joy E. Lawn, Igor Rudan, Harry Campbell, Richard Cibulskis, Mengying Li, Colin Mathers, Robert E. Black, "Global, Regional, and National Causes of Child Mortality: An Updated Systematic Analysis for 2010 with Time Trends Since 2000," *The Lancet* 379, no. 9832 (2012), https://doi.org/10.1016/S0140-6736(12)60560-1.

7. Claire Chase and Richard Damania, "Water, Well-Being, and the Prosperity of Future Generations," World Bank Group, 2017, http://documents1.worldbank.org/curated/en/722881488541996303/pdf/WP-P155196-v1-PUBLIC-main.pdf.

8. Åsa Regnér, "We Must Leverage Women's Voice and Influence in Water Governance," UN Women, August 27, 2018, https://www.unwomen.org/en/news/stories/2018/8/speed-ded-regner-stockholm-world-water-week.

9. *The Human Development Report 2006* (New York: United Nations Development Programme, 2006), 22, http://hdr.undp.org/sites/default/files/reports/267/hdr06-complete.pdf.

10. Guy Hutton, "Global Costs and Benefits of Drinking-Water Supply and Sanitation Interventions to Reach the MDG Target and Universal Coverage" (Geneva: World Health Organization, 2012), 5, https://apps.who.int/iris/bitstream/handle/10665/75140/WHO_HSE_WSH_12.01_eng.pdf?sequence=1&isAllowed=y.

11. Anthony Kenny, Ancient Philosophy: *A New History of Western Philosophy, Volume I* (Oxford: Oxford University Press, 2007), 4.

12. David Foster Wallace, "2005 Kenyon Commencement Address" (speech, Kenyon College, Gambier, Ohio, May 21, 2005), https://web.ics.purdue.edu/~drkelly/DFWKenyonAddress2005.pdf.

13. Pauline Arrillaga, "Mercy or Murder? Doubts About a Death in Desert," Los Angeles Times, October 3, 1999, https://www.latimes.com/archives/la xpm-1999-oct-03-mn-18196-story.html.

14. "Water," *Lapham's Quarterly* XI, no. 3 (2018): 14.

15. "3 Endure 4,000-Mile Run Across Sahara," CBS News, February 20, 2007, https://www.cbsnews.com/news/3-endure-4000-mile-run-across-sahara/.

16. *Running the Sahara*, directed by James Moll (New York: Gaia, 2007).

17. "Out of the Mouths of Babes: 'Aman Iman' —Water Is Life," *Running the Sahara*, December 12, 2006, http://www.runningthesahara.com/news.html#blog061212.

18. "Out of the Mouths of Babes," *Running the Sahara*.

19. "Water Resources Sector Strategy," The World Bank, last modified 2009, http://web.worldbank.org/archive/website01062/WEB/0__CO-47.HTM?contentMDK=20729817&contTypePK=217265&folderPK=34004326&sitePK=494186&callCR=true%27.

水的價值

Chapter 2 飲水十年

1. Luke Dittrich, "Matt Damon: The Celebrity Shall Save You," *Esquire*, September 15, 2009, https://www.esquire.com/news-politics/a6286/matt-damon-1009/.

2. *Drinking-Water and Sanitation*, 1981– 1990: A Way to Health (Geneva: World Health Organization, 1981), 2, https://apps.who.int/iris/bitstream/handle/10665/40127/9241560681_eng.pdf?sequence=1&isAllowed=y.

3. "New Decade Launched Seeks Clean Water, Proper Sanitation for All by 1990," *UN Monthly Chronicle* 18, no. 1 (January 1981): 29, https://heinonline-rg.stanford.idm.oclc.org/HOL/Page?collection=unl&handle=hein.unl/unchron0018&id=3&men_tab=srchresults.

4. Kenan Malik, "As a System, Foreign Aid Is a Fraud and Does Nothing for Inequality," *The Guardian*, September 2, 2018, https:// www.theguardian.com/commentisfree/2018/sep/02/as-a-system-foreign-aid-is-a-fraud-and-does-nothing-for-inequality; https://www.washingtonpost.com/archive/politics/2001/01/26/aid-abroadis-businessback-home/e37a1548-fff24-b00-861a-ab48ea0e5e5/.

5. Michael Dobbs, "Aid Abroad Is Business Back Home," *The Washington Post*, January 26, 2021, https://www.washingtonpost.com/archive/politics/2001/01/26/aid-abroadis-businessback-home/e37a1548-

fff2-4b00-861a-aab48ea0e5e5.

6. UNDP Water Governance Facility, Stockholm International Water Institute, "Accountability in WASH: Explaining the Concept," UNICEF, September 2014, https://www.unicef.org/media/91311/file/Accountability-in-WASH-Explaining-the-Concept.pdf.

7. John M. Kalbermatten, "The Water Decade," Waterlines 9, no. 3 (January 1991), https://www.ircwash.org/sites/default/files/Kalbermatten-1991-Water.pdf.

8. Achievements of the International Drinking Water Sanitation Decade 1981: Report of the Economic and Social Council: Report of the Secretary-General (New York: United Nations, 1990), 5, https://www.zaragoza.es/contenidos/medioambiente/onu/1004-eng.pdf.

9. UNDP Water Governance Facility, "Accountability in WASH."

10. Guy Hutton and Mili Varughese, "The Costs of Meeting the 2030 Sustainable Development Goal Targets on Drinking Water Sanitation, and Hygiene," Water and Sanitation Program technical paper (Washington, DC: World Bank Group, 2016), 7, https://openknowledge.worldbank.org/bitstream/handle/10986/23681/K8632.pdf?sequence=4&isAllowed=y.

11. *Financing Water and Sanitation in Developing Countries*, OECD, 2016, https://www.oecd.org/dac/financing-sustainable-development/development-finance-topics/Financing%20

water%20and%20sanitation%20in%20developing%20 countries%20 %20key%20trends%20and%20figures.pdf.

12. David Bornstein, "The Real Future of Clean Water," *The New York Times*, August 21, 2013, https://opinionator.blogs.nytimes. com/2013/08/21/the-real-future-of-clean-water/.

Chapter 3 大構想

1. Belinda Goldsmith and Meka Beresford, "War-Torn Afghanistan and Syria Ranked Second and Third in the Thomson Reuters Foundation Survey of About 550 Experts on Women's Issues," *Thomson Reuters Foundation News*, June 26, 2018, https:// news.trust.org//item/20180612134519-cxz54.

2. Apoorva Jadhav, Abigail Weitzman, and Emily Smith-Greenaway, "Household Sanitation Facilities and Women's Risk of Non-Partner Sexual Violence in India," *BMC Public Health* 16, no. 1139 (2016), https://bmcpublichealth.biomedcentral.com/ articles/10.1186/s12889-016-3797-z.

3. Peter Schwartzstein, "The Merchants of Thirst," *The New York Times*, January 11, 2020, https://www.nytimes.com/2020/01/11/ business/drought-increasing-worldwide.html.

4. Schwartzstein, "The Merchants of Thirst."

5. Muhammad Yunus and Alan Jolis, *Banker to the Poor: Micro-*

Lending and the Battle Against World Poverty (New York: Public Affairs, 2008).

6. Beth Duff-Brown, "Microcredit Bank Grows Out of a $27 Investment," *Los Angeles Times*, April 4, 2004, https://www.latimes.com/archives/la xpm-2004-apr-04-adfg-banker4-story.html.

7. Yunus and Jolis, *Banker to the Poor*.

8. Muhammad Yunus, "Microcredit, Information Technology, and Poverty: The Experience of Grameen Bank," *The Brown Journal of World Affairs 8*, no 2 (2002), http://www.jstor.org/stable/24590258.

9. Rohini Pande and Erica Field, "Give Women Credit," *Ideas for India*, November 24, 2017, https://www.lse.ac.uk/about-lse/connect/assets/shorthand-files/microfinance/index.html.

10. Yunus, "Microcredit, Information Technology, and Poverty."

11. David Lepeska, "The Maturation of Microfinance," Devex, July 16, 2008, https://www.devex.com/news/the-maturation-of-microfinance-29440.

12. Lepeska, "The Maturation of Microfinance."

13. Jason Burke, "Impoverished Indian Families Caught in Deadly Spiral of Microfinance Debt," *The Guardian*, January 31, 2011, https://www.theguardian.com/world/2011/jan/31/india-microfinance-debt-struggle-suicide.

14. "SKS Under Spotlight in Suicides," *The Wall Street Journal*, February 24, 2012, https://www.wsj.com/articles/SB1000142405 29702039183045772426022966683134.

15. Stephanie Wykstra, "Microcredit Was a Hugely Hyped Solution to Global Poverty. What Happened?," Vox, January 15, 2019, https://www.vox.com/future-perfect/2019/1/15/18182167/ microcredit-microfinance-poverty-grameen-bank-yunus;Soutik Biswas, "India's Micro Finance Suicide Epidemic," BBC, December 16, 2010, https://www.bbc.com/news/world-south-asia-11997571.

16. "Q&A with Muhammad Yunus," *Enterprising Ideas*, PBS, http:// www.shoppbs.pbs.org/now/enterprisingideas/Muhammad-Yunus.html.

17. Don Johnston and Jonathan Morduch, "The Unbanked: Evidence from Indonesia," *The World Bank Economic Review* 22, no. 3 (2008): 520, http://www.jstor.org/stable/40282286.

18. Naren Karunakaran, "How to Fix Flaws in the Present Microfinance Model," *The Economic Times*, November 12, 2010, https:// economictimes.indiatimes.com/industry/banking/finance/how to fix-flaws in the-present-microfinance-model/articleshow/6912025. cms?from=mdr.

19. "BASIX- Bhartiya Samruddhi Finance Limited (BSFL): A New Generation Livelihoods Promotion Institution," Growing Inclusive Markets, April 2010, http://www.growinginclusivemarkets.org/

media/cases/India_BASIX_2011.pdf

20. "The Cost of Leneriza's Water, Then and Now," Water.org, https://water.org/our-impact/all-stories/cost-lenerizas-water-then-and-now.

21. Meera Mehta, *Assessing Microfinance for Water and Sanitation: Exploring Opportunities for Sustainable Scaling Up* (Ahmedabad, India: Bill & Melinda Gates Foundation, 2008), 4, https://docs.gatesfoundation.org/documents/assessing-microfinance-wsh-2008.pdf.

Chapter 4 逗趣的初次會面

1. Joe Conason, *Man of the World: The Further Endeavors of Bill Clinton* (New York: Simon & Schuster, 2016): 243–44.

2. "Press Release: President Clinton Announces Program for 2008 Clinton Global Initiative Annual Meeting," Clinton Foundation, September 15, 2008, https://www.clintonfoundation.org/main/news-and-media/press-releases-and-statements/press-release-president-clinton-announces-program-for-2008-clinton-global-initia.html.

3. "Parasitic Worms and Bono Jokes in Midtown Manhattan," *The Economist*, October 2, 2008, https://www.economist.com/news/2008/10/02/billanthropy.

4. "Clinton Global Initiative Concludes with $8 Billion in Commitments," *Philanthropy News Digest*, September 30, 2008, https://philanthropynewsdigest.org/news/clinton-global-initiative-concludes-with 8 billion in commitments.

5. "Parasitic Worms and Bono Jokes," *The Economist*.

6. Sarah Haughn, "Clinton Global Initiative Commits Millions to Water and Sanitation," *Circle of Blue*, October 6, 2008, https://www.circleofblue.org/2008/world/clinton-global-initiative-commits-millions-to-water-and-sanitation.

7. "Delivering Access to Safe Water through Partnerships," Pepsico, 2014, https://www.pepsico.com/docs/album/sustainability-report/regional-and-topic-specific-reports/pep_wp14_safe_water_2014.pdf?sfvrsn=f59ded9f_4.

8. Guy Hutton and Mili Varughese, "The Costs of Meeting the 2030 Sus-tainable Development Goal Targets on Drinking, Water Sanitation, and Hygiene," Water and Sanitation Program technical paper (Washington, DC: World Bank Group, 2016), 2, https://openknowledge.worldbank.org/bitstream/handle/10986/23681/K8632.pdf?sequence=4&isAllowed=y.

9. *Financing Water and Sanitation in Developing Countries*, OECD, 2016, https://www.oecd.org/dac/financing-sustainable-development/development-finance-topics/Financing%20water%20and%20sanitation%20in%20developing%20

countries%20%20key%20trends%20and%20figures.pdf.

10. Charles Fishman, *The Big Thirst* (New York: Free Press, 2012), 265.

11. Fishman, *The Big Thirst*, 266.

12. "How Much Water Is Needed in Emergencies," World Health Organization, last updated 2011, https://www.who.int/water_sanitation_health/publications/2011/tn9_how_much_water_en.pdf, https://handbook.spherestandards.org/en/sphere/#ch001.

13. Ken Bensinger, "Masses Aren't Buying Bailout," *Los Angeles Times*, September 16, 2008, https://www.latimes.com/archives/la xpm-2008-sep 26 fi voxpop26-story.html; Ben Rooney, "Bailout Foes Hold Day of Protests," CNN Money, September 25, 2008, https://money.cnn.com/2008/09/25/news/economy/bailout_prote sts/?postversion=2008092517.

14. "Billanthropy Squared," *The Economist*, September 25, 2008, https://www.economist.com/united-states/2008/09/25/billanthropy-squared.

15. Reuters Staff, " 'Banker to Poor' Has Suggestion for Bankers to Rich," Reuters, September 26, 2008, https://www.reuters.com/article/us-financial-microfinance/banker-to-poor-has-suggestion-for-bankers-to-rich-idUSTRE48P7UK20080926.

水的價值

Chapter 5 Water.org 開張

1. Brent Schrotenboer, "Livestrong Caught in Crossfire of Scandal, Says VP," *USA Today*, February 28, 2013, https://www.usatoday.com/story/sports/cycling/2013/02/28/lance-armstrong-livestrong-cancer-tour-de-france/1954665.

2. "Livestrong Charity Looks to Rebuild Following Lance Armstrong Scandal," Associated Press, February 11, 2020, https://www.espn.com/olympics/cycling/story/_/id/28680574/livestrong-charity-looks-rebuild-following-lance-armstrong-scandal.

3. "Household Water Use: Haiti," JMP, last updated 2020, https://washdata.org/data/household#!/table?geo0=country&geo1=HTI.

4. Richard Knox, "Water in the Time of Cholera: Haiti's Most Urgent Health Problem," NPR, April 12, 2021, https://www.npr.org/sections/health-shots/2012/04/13/150302830/water in the-time-of-cholera-haitis-most-urgent-health-problem.

5. Hans Rosling, *Factfulness: Ten Reasons We're Wrong About the World—and Why Things Are Better Than You Think* (New York: Flatiron Books, 2018), 15.

6. Rosling, *Factfulness*, 5–6.

7. Rosling, *Factfulness*, 9.

8. Max Roser (@MaxCRoser), "Newspapers could have had the headline 'Number of people in extreme poverty fell by

137,000 since yesterday' every day in the last 25 years,"
Tweet, October 16, 2017, https://twitter.com/MaxCRoser/
status/919921745464905728.

Chapter 6 跨界構想

1. Kelly Dilworth, "Average Credit Card Interest Rates: Week of
   Aug. 4, 2021," CreditCards.com, August 4, 2021, https://www.
   creditcards.com/credit-card-news/rate-report.php.

2. "COVID 19 Spending Helped to Lift Foreign Aid to an All-Time
   High in 2020," OECD, April 13 2021, https://www.oecd.org/dac/
   financing-sustainable-development/development-finance-data/
   ODA-2020 -detailed-summary.pdf.

3. "Despite COVID 19, Global Financial Wealth Soared to Record
   High of $250 Trillion in 2020," Boston Consulting Group, June
   10, 2021, https://www.bcg.com/press/10june2021-despite-covid-
   19-global-financial-wealth-soared-record-high-250-trillion-2020.

4. Dan Ariely, *Predictably Irrational* (New York: Harper, 2009), 76.

5. Ariely, *Predictably Irrational*, 76.

6. Ariely, *Predictably Irrational*, 79.

7. Ariely, *Predictably Irrational*, 79.

8. OECD, "COVID 19 Spending Helped to Lift Foreign Aid to an All-

水的價值

time High in 2020"; Boston Consulting Group, "Despite COVID 19, Global Financial Wealth Soared to Record High of $250 Trillion in 2020."

9. Steve Schueth, "Socially Responsible Investing in the United States," *Journal of Business Ethics* 43, no. 3 (2003): 189–94, http://www.jstor.org/stable/25074988; William Donovan, "The Origins of Socially Responsible Investing," The Balance, April 23, 2020, https://www.thebalance.com/a-short-history-of socially-responsible-investing-3025578.https://www.jstor.org/ stable/25074988.

10. Schueth, "Socially Responsible Investing," 189–94.

11. Donovan, "The Origins of Socially Responsible Investing."

12. Lena Williams, "Pressure Rises on Colleges to Withdraw South Africa Interests," *The New York Times*, February 2, 1986, https:// www.nytimes.com/1986/02/02/us/pressure-rises on colleges to withdraw-south-africa-interests.html.

13. Paul Lansing, "The Divestment of United States Companies in South Africa and Apartheid," *Nebraska Law Review* 60, no. 2 (1981): 312, https://digitalcommons.unl.edu/cgi/viewcontent. cgi?article=2025&context=nlr.

14. United States Congress, House Committee on Foreign Affairs, Sub-committee on International Economic Policy and Trade, "The Status of United States Sanctions Against South Africa: Hearing

Before the Sub-committees on International Economic Policy and Trade and on Africa of the Committee on Foreign Affairs, House of Representatives, One Hundred Second Congress, First Session, April 30, 1991, Volume 4" (US Government Printing Office, 1992), https://books.google.com/books?id=itTyqdwa8Cs C&pg=PA98&lpg=PA98&dq=south+africa+divestment+campai gn+%2220+billion%22&source=bl&ots=kKgQRU9pIQ&sig=ACf U3U0NLoqA15ad2xuojwtd0WeM6wx0TA&hl=en&sa=X&ved=2 ahUKEwizzY-I96HyAhWgEIkFHaKmAooQ6AF6BAgMEAM#v= onepage&q=south%20africa% 20divestment%20campaign%20 %2220%20billion%22&f=false.

15. Michiel A. Keyzer and C. Wesenbeeck, "The Millennium Development Goals, How Realistic Are They?" *De Economist* 165, no. 3 (February 2007), https://www.researchgate.net/ publication/24110281_The_Millennium_Development_Goals_ How_Realistic_Are_They.

16. *The Rockefeller Foundation 2005 Annual Report* (New York: Rockefeller Foundation, April 2006), https://www.rockefellerfoundation. org/wp-content/uploads/Annual-Report-2005-1.pdf.

17. *2005 Annual Report* (Bill & Melinda Gates Foundation, 2006), 38, https://www.gatesfoundation.org/-/media/1annual-reports/2005gates-foundation-annual-report.pdf.

18. Judith Rodin, *The Power of Impact Investing: Putting Markets to Work for Profit and Global Good* (Philadelphia: Wharton

School Press, 2014); Veronica Vecchi, Luciano Balbo, Manuela Brusoni, and Stefano Caselli, eds., *Principles and Practice of Impact Investing: A Catalytic Revolution* (Sheffield, UK: Greenleaf Publishing, 2016).

19. "Bellagio Center," The Rockefeller Foundation: A Digital History, https://rockfound.rockarch.org/bellagio-enter. https://www. rockefellerfoundation.org/our-work/bellagio-enter/about-bellagio.

20. Beth Richardson, "Sparking Impact Investing Through GIIRS," *Stanford Social Innovation Review*, October 24, 2012, https://ssir. org/articles/entry/sparking_impact_investing_through_giirs.

21. "Thematic and Impact Investing Executive Summary," Principles for Responsible Development, https://www.unpri.org/thematic-and-impact-investing/impact-investing-market-map/3537.article.

22. Dan Freed, "JP Morgan's Dimon Rolls Eyes Up at Gloom and Davos Billionaires," Reuters, February 23, 2016, https://www. reuters.com/article/jpmorgan-outlook-davos/jp-morgans-dimon-rolls-eyes-up-at gloom-and-davos-billionaires-idUSL8N16258B.

Chapter 7 世界動起來

1. Richard Fry, "Millennials Are the Largest Generation in the U.S. Labor Force," Pew Research Center, April 11, 2018, https:// www.pewresearch.org/fact-tank/2018/04/11/millennials-largest-

generation-us-labor-force.

2. "3.1 Harnessing the Hype," in *From the Margins to the Mainstream: Assessment of the Impact Investment Sector and Opportunities to Engage Mainstream Investors* (Geneva: World Economic Forum, September 2013), 10, http://www3.weforum.org/docs/WEF_II_FromMarginsMainstream_Report_2013.pdf.

3. Abhilash Mudaliar and Hannah Dithrich, "Sizing the Impact Investing Market," Global Impact Investing Network, April 1, 2019, https://thegiin.org/research/publication/impinv-market-size.

4. World Economic Forum, "From the Margins to the Mainstream: As-sessment of the Impact Investment Sector and Opportunities to Engage Mainstream Investors"; Mudaliar and Dithrich, "Sizing the Impact Investing Market"; Gary Shub, Brent Beardsley, Hélène Donnadieu, Kai Kramer, Monish Kumar, Andy Maguire, Philippe Morel, and Tjun Tang, "Global Asset Management 2013: Capitalizing on the Recovery," The Boston Consulting Group, July 2013, https://image-src.bcg.com/Images/Capitalizing_on_the_Recovery_Jul_2013_tcm9-95253.pdf; Renaud Fages, Lubasha Heredia, Joe Carrubba, Ofir Eyal, Dean Frankle, Edoardo Palmisani, Neil Pardasani, Thomas Schulte, Ben Sheridan, and Qin Xu, "Global Asset Management 2019: Will These '20s Roar?," July 2019, https://image-src.bcg.com/Images/BCG-Global-Asset-Management-2019-Will-These-20s-Roar-July-2019-R_tcm9-227414.pdf.

5. Somini Sengupta and Weiyi Cai, "A Quarter of Humanity Faces Looming Water Crisis," *The New York Times*, August 6, 2019, https://www.nytimes.com/interactive/2019/08/06/climate/world-water-stress.html?fallback=0&recId=1P6rWfl5kuGl6PAF5eQETn q2ONM&locked=0&geoContinent=NA&geoRegion=TX&recAlloc =top_conversion&geoCountry=US&blockId=most-popular&imp_ id=64322975&action=click&module=trending&pgtype=Article&re gion=Footer.

6. Fiona Harvey, "Water Shortages to Be Key Environmental Challenge of the Century, Nasa Warns," *The Guardian*, May 16, 2018, https://www.theguardian.com/environment/2018/may/16/water-shortages-to-be-key-environmental-challenge-of-the-century-nasa-warns.

7. "AQUASTAT—FAO's Global Information System on Water and Agriculture," Food and Agriculture Organization of the United Nations, http://www.fao.org/aquastat/en/overview/methodology/water-use.

8. "AQUASTAT."

9. Sumila Gulyani, Debabrata Talukdar, and R. Mukami Kariuki, *Water for the Urban Poor: Water Markets, Household Demand, and Service Preferences in Kenya* (Washington, DC: The World Bank, 2005).

10. Richard Damania, Sébastien Desbureaux, Marie Hyland, Asif

Islam, Scott Moore, Aude-Sophie Rodella, Jason Russ, and Esha Zaveri, *Uncharted Waters: The New Economics of Water Scarcity and Economic Variability* (Washington, DC: The World Bank, 2017), 36.

11. Henry Fountain, "Researchers Link Syrian Conflict to a Drought Made Worse by Climate Change," *The New York Times*, March 2, 2015, https://www.nytimes.com/2015/03/03/science/earth/study-links-syria-conflict-to-drought-caused-by-climate-change.html.

12. "How Could a Drought Spark a Civil War?," NPR, September 8, 2013, https://www.npr.org/2013/09/08/220438728/how-could-a-drought-spark-a-civil-war.

13. Joshua Hammer, "Is a Lack of Water to Blame for the Conflict in Syria?," *Smithsonian Magazine*, June 2013, https://www.smithsonianmag.com/innovation/is-a-lack-of-water-to-blame-for-the-conflict-in-syria-72513729.

14. Alexandra A. Taylor, "Climate Change Will Affect Access to Fresh Water. How Will We Cope?," *C&EN*, February 10, 2020, https://cen.acs.org/environment/water/Climate-change-affect-access-fresh/98/i6.

15. Carl Ganter, "Water Crises Are a Top Global Risk," World Economic Forum, January 16, 2015, https://www.weforum.org/agenda/2015/01/why-world-water-crises-are-a-top-global-risk/.

16. "High and Dry: Climate Change, Water, and the Economy,"

The World Bank, https://www.worldbank.org/en/topic/water/
publication/high-and-dry-climate-change-water-and-the-
economy.

17. "About," Water Resistance Coalition, https://ceowatermandate.
org/resilience/about.

18. Ben Paynter, "Roughly One-Third of Funders Are Comfortable
Taking Below-Market Rate Returns or Break-Even Paybacks,"
Fast Company, June 5, 2017, https://www.fastcompany.
com/40426561/the-philanthropy-world-is-embracing-impact-
investing; Lori Kozlowski, "Impact Investing: The Power of Two
Bottom Lines," Forbes, October 2, 2012, https://www.forbes.com/
sites/lorikozlowski/2012/10/02/impact-investing-the-power-of-two-
bottom-lines/?sh=7a4f037a1edc.

19. *The Sustainability Imperative* (New York: The Nielsen
Company, 2015), 2, https://www.nielsen.com/wp content/
uploads/sites/3/2019/04/Global20Sustainability20Report_
October202015.pdf.

Chapter 8 公益創投

1. Nilanjana Bhowmick, "Handwashing Helps Stop COVID 19. But
in India, Water Is Scarce," *National Geographic*, April 7, 2020,
https://www.nationalgeographic.com/science/2020/04/hand-
washing-can-combat-coronavirus-but-can-the-rural-poor-afford-

frequent-rinses/.

2. "Almost 2 Billion People Depend on Health Care Facilities Without Basic Water Services," World Health Organization, December 14, 2020, https://www.who.int/news/item/14-12-2020-almost -2-billion-people-depend-on-health-care-facilities-without-basic-water-services-who-unicef.

3. Peter Daszak, "We Knew Disease X Was Coming. It's Here Now," *The New York Times*, February 27, 2020, https://www. nytimes.com/2020/02/27/opinion/coronavirus-pandemics.html.

4. Michael Dulaney, "The Next Pandemic Is Coming—and Sooner Than We Think, Thanks to Changes to the Environment," ABC News Australia, June 6, 2020, https://www.abc.net.au/news/ science/2020-06-07/a-matter-of-when-not-if-the-next-pandemic-is-around-the-corner/12313372.

5. "Matt Struggles for Survival," *The Philippine Star*, September 5, 2011, https://www.philstar.com/entertainment/2011/09/05/723632/ matt-struggles-survival.

6. Yagazie Emezi and Danielle Paquette, "Living Through a Pandemic When Your Access to Water Is Difficult," *The Washington Post*, May 21, 2020, https://www.washingtonpost.com/ graphics/2020/world/nigeria-water-during-coronavirus/?itid=lk_ interstitial_manual_71.

7. George McGraw, "How Do You Fight the Coronavirus Without

Running Water?," *The New York Times*, May 2, 2020, https://
www.nytimes.com/2020/05/02/opinion/coronavirus-water.html.

8. "The Challenge," United Nations Economic Commission for Europe, https://unece.org/challenge#:~:text=Methane%20 is%20a%20powerful%20greenhouses,are%20due%20to%20 human%20activities.

9. *Climate Change 2014: Mitigation of Climate Change* (New York: Cam-bridge University Press, 2014), https://www.ipcc.ch/site/ assets/uploads /2018/02/ipcc_wg3_ar5_full.pdf.

10. "Greenhouse Gas Emissions from a Typical Passenger Vehicle," United States Environmental Protection Agency, July 21, 2021, https://www.epa.gov/greenvehicles/greenhouse-gas-emissions- typical-passenger-vehicle#:~:text=typical%20passenger%20 vehicle%3F-,A%20typical%20passenger%20vehicle%20 emits%20about%204.6%20metric%20tons%20of,around%20 11%2C500%20miles%20per%20year.

11. Mads Warming, "How Can More Water Treatment Cut CO2 Emissions?," International Water Association, May 20, 2020, https://iwa-network.org/how-can-more-water-treatment-cut-co2- emissions.

12. Sustainability at Manila Water:Protecting the Environment," Water Manila Company, 2019, https://reports.manilawater.com/2018/ sustainability-at-manila-water/protecting-the-environment.

13. "How Much Electricity Does an American Home Use?," U.S. Energy Information Administration, October 9, 2020, https://www.eia.gov/tools/faqs/faq.php?id=97&t=3.

14. Bill Kingdom, Roland Liemberger, and Philippe Marin, "The Challenge of Reducing Non-Revenue Water (NRW) in Developing Countries. How the Private Sector Can Help: A Look at Performance-Based Service Contracting," *Water Supply and Sanitation Sector Board Discussion Paper Series*, no. 8 (December 2006), 52, https://openknowledge.worldbank.org/bitstream/handle/10986/17238/394050Reducing1e0water0WSS 81PUBLIC1.pdf?sequence=1&isAllowed=y.

15. Katrina Yu, "Why Did Bill Gates Give a Talk with a Jar of Human Poop by His Side?," NPR, November 9, 2018, https://www.npr.org/sections goatsandsoda/ 2018/11/09/666150842/why-did-bill-gates-give-a-talk-with-a-jar-of-human-poop-by-his-side.

16. "Vast Energy Value in Human Waste," United Nations University, November 2, 2015, https://unu.edu/media-relations/releases/vast-energy-value-in-human-waste.html.

17. "UN World Water Development Report 2020: 'Water and Climate Change,'" United Nations Water, March 21, 2020, https://www.unwater.org/world-water-development-report-2020-water-and-climate-change/.

18. James Workman, "Why Understanding Resilience Is Key to Water Management," *The Source*, April 13, 2017, https://www.thesourcemagazine.org/understanding-resilience-key-water-management/.

19. OECD and netFWD, "Venture Philanthropy in Development Dynamics, Challenges and Lessons in the Search for Greater Impact," OECD De-velopment Centre, 2014, https://www.oecd.org/site/netfwd/Full%20Study_Venture%20Philanthropy%20in%20Development.pdf.

20. "World's Billionaires Have More Wealth Than 4.6 Billion People," Oxfam, January 20, 2020, https://www.oxfam.org/en/press-releases/worlds-billionaires-have-more-wealth-46-billion-people.

Chapter 9 浪潮

1. *Slum Almanac 2015–2016: Tracking Improvement in the Lives of Slum Dwellers* (Nairobi: UN Habitat, 2016), 8, https://unhabitat.org/sites/default/ files/documents/2019 05/slum_almanac_2015-2016_psup.pdf.

2. Sarah Bean Apmann, "Tenement House Act of 1901," Village Preservation, April 11, 2016. https://www.villagepreservation.org/2016/04/11/tenement-house-act-of-1901.

3. Rose George, *The Big Necessity* (New York: Picador, 2014), 242.

水的價值

water.org ®

安全用水是足以翻轉人生的奇妙禮物，提供人們安全用水不但能終結貧窮、促進全球平等，也能為**全人類**創造燦爛的未來。

婦女和女孩有了安全用水就有時間讀書、賺錢和發揮創造力。窮人有安全用水，便可增強對抗氣候變遷的韌性。當然，安全用水還能改善健康，有助於家家戶戶自我保護，減少生病、遠離疾病。

全球非營利組織 Water.org 致力於將安全用水和衛生設施帶到世界各個角落。捐助 Water.org 可以讓有需要的人取得安全用水，他們會因此擁有健康的身體，並看見希望的曙光和無窮生機。

現在就行動吧！
欲瞭解更多詳情，請至：water.org/worthofwater

手機掃描
下方 QR Code
↓

視野 92

水的價值
為世上最艱鉅的水資源挑戰尋覓解方

原文書名 ： The Worth of Water：Our Story of Chasing Solutions to the World's Greatest Challenge
作　　者 ： 蓋瑞‧懷特 Gary White、麥特‧戴蒙 Matt Damon
譯　　者 ： 溫力秦
責任編輯 ： 林佳慧
校　　對 ： 葉政昇、林佳慧
封面設計 ： 許晉維
美術設計 ： 廖健豪
行銷顧問 ： 劉邦寧

發 行 人 ： 洪祺祥
副總經理 ： 洪偉傑
副總編輯 ： 林佳慧
法律顧問 ： 建大法律事務所
財務顧問 ： 高威會計師事務所
出　　版 ： 日月文化出版股份有限公司
製　　作 ： 寶鼎出版
地　　址 ： 台北市信義路三段 151 號 8 樓
電　　話 ： （02）2708-5509 傳真 ： （02）2708-6157
客服信箱 ： service@heliopolis.com.tw
網　　址 ： www.heliopolis.com.tw
郵撥帳號 ： 19716071 日月文化出版股份有限公司

總 經 銷 ： 聯合發行股份有限公司
電　　話 ： （02）2917-8022 傳真 ： （02）2915-7212
印　　刷 ： 中原造像股份有限公司
初　　版 ： 2023 年 1 月
定　　價 ： 450 元
I S B N ： 978-626-7238-04-2

國家圖書館出版品預行編目資料

水的價值：為世上最艱鉅的水資源挑戰尋覓解方／蓋瑞‧懷特
（Gary White）、麥特‧戴蒙（Matt Damon）著；溫力秦譯 . --
初版 . -- 臺北市：
日月文化出版股份有限公司 , 2023.01
344 面；14.7 × 21 公分 . --（視野；92）
譯自：The Worth of Water：Our Story of Chasing Solutions to the
World's Greatest Challenge
ISBN 978-626-7238-04-2（平裝）

1.CST: 飲水供給 2.CST: 水資源 3.CST: 開發中國家
445.2　　　　　　　　　　　　　　　　111017519

◎版權所有，翻印必究
◎本書如有缺頁、破損、裝訂錯誤，請寄回本公司更換

日月文化集團
HELIOPOLIS
CULTURE GROUP

客服專線 02-2708-5509
客服傳真 02-2708-6157
客服信箱 service@heliopolis.com.tw

日月文化集團 讀者服務部 收

10658 台北市信義路三段151號8樓

對折黏貼後，即可直接郵寄

日月文化網址：**www.heliopolis.com.tw**

最新消息、活動，請參考 FB 粉絲團

大量訂購，另有折扣優惠，請洽客服中心（詳見本頁上方所示連絡方式）。

大好書屋

寶鼎出版

山岳文化

EZ TALK

EZ Japan

EZ Korea

大好書屋・**寶鼎出版**・山岳文化・洪圖出版　EZ叢書館　EZ Korea　EZ TALK　EZ Japan

感謝您購買 **水的價值** 為世上最艱鉅的水資源挑戰尋覓解方

為提供完整服務與快速資訊，請詳細填寫以下資料，傳真至02-2708-6157或免貼郵票寄回，我們將不定期提供您最新資訊及最新優惠。

1. 姓名：＿＿＿＿＿＿＿＿＿＿＿＿＿＿　性別：□男　　□女

2. 生日：＿＿＿＿年＿＿＿＿月＿＿＿＿日　職業：＿＿＿＿＿＿

3. 電話：（請務必填寫一種聯絡方式）

　（日）＿＿＿＿＿＿＿（夜）＿＿＿＿＿＿＿（手機）＿＿＿＿＿＿

4. 地址：□□□＿＿＿＿＿＿＿＿＿＿＿＿＿＿＿＿＿

5. 電子信箱：＿＿＿＿＿＿＿＿＿＿＿＿＿＿＿＿＿＿

6. 您從何處購買此書？□＿＿＿＿＿＿縣/市＿＿＿＿＿＿書店/量販超商

　□＿＿＿＿＿＿網路書店　□書展　□郵購　□其他

7. 您何時購買此書？　＿＿年＿＿月＿＿日

8. 您購買此書的原因：（可複選）

　□對書的主題有興趣　□作者　□出版社　□工作所需　□生活所需

　□資訊豐富　□價格合理（若不合理，您覺得合理價格應為＿＿＿＿＿）

　□封面/版面編排　□其他＿＿＿＿＿＿＿＿＿＿＿＿

9. 您從何處得知這本書的消息：□書店　□網路／電子報　□量販超商　□報紙

　□雜誌　□廣播　□電視　□他人推薦　□其他

10. 您對本書的評價：（1.非常滿意 2.滿意 3.普通 4.不滿意 5.非常不滿意）

　書名＿＿＿　內容＿＿＿　封面設計＿＿＿　版面編排＿＿＿　文/譯筆＿＿＿

11. 您通常以何種方式購書？□書店　□網路　□傳真訂購　□郵政劃撥　□其他

12. 您最喜歡在何處買書？

　□＿＿＿＿＿＿縣/市＿＿＿＿＿＿書店/量販超商　□網路書店

13. 您希望我們未來出版何種主題的書？＿＿＿＿＿＿＿＿＿＿＿＿

14. 您認為本書還須改進的地方？提供我們的建議？

＿＿＿＿＿＿＿＿＿＿＿＿＿＿＿＿＿＿＿＿＿＿＿＿＿＿＿＿

＿＿＿＿＿＿＿＿＿＿＿＿＿＿＿＿＿＿＿＿＿＿＿＿＿＿＿＿

＿＿＿＿＿＿＿＿＿＿＿＿＿＿＿＿＿＿＿＿＿＿＿＿＿＿＿＿

＿＿＿＿＿＿＿＿＿＿＿＿＿＿＿＿＿＿＿＿＿＿＿＿＿＿＿＿

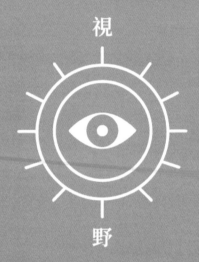

視

野

寶鼎出版

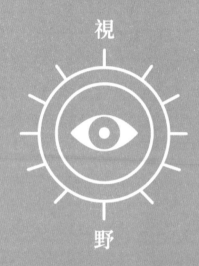

視

野

寶鼎出版